JN308498

お ね が い

　本書は、そもそもは小社刊行の『人類学講座』の「第1巻・総論」として企画・出版されたものですが、その『人類学講座』は、1977年に刊行を開始して以来23年が経過し、現在では品切れのままになっている巻もかなりあります。「総論」の刊行がさまざまな事情で遅れてしまい、今の状況ではせっかく出版しても孤立化してしまう畏れがあります。

　人類学の概念・歴史から研究の現状まで最新の情報を伝える本書が、人類学はもとより先史学、考古学、民族学、霊長類学等々関連諸学界および一般読者のみなさまの便に益すると考え、広く〔普及版〕の体裁をとり、今回、あえてここに別装丁の単行本として刊行する次第です。

　尚、『人類学講座』を揃えてくださっているお客様は、内容・定価ともに同じですので、「第1巻・総論」の方をお買い求め下さいますと、セットとして揃います。

　以上、ご理解賜れば誠に幸いでございます。
　2001年2月
　　　　　　　　雄山閣出版株式会社

人類学の読みかた

渡辺直経
Watanabe Naotsune
香原志勢 編
Kōhara Yukinari
山口 敏
Yamaguchi Bin

雄山閣出版

人類学の読みかた　目次

1　人類学序説―――――――――――――――――――山口　敏　3
　　1　人類学とは何か …………………………………………………3
　　2　人類学の研究内容 ………………………………………………7
　　3　隣接科学との関係 ………………………………………………17
　　4　人類学の研究体制 ………………………………………………21
　　5　人類学の教育 ……………………………………………………28
　　6　人類学の学会組織・振興機関・逐次刊行物 …………………31
2　人間理解の系譜と歴史――自然人類学の観点から―――江原昭善　39
　　はじめに ………………………………………………………………39
　　1　人間をどう把握するか …………………………………………40
　　2　ギリシャの人間観――個人としての人間観の確立 …………47
　　3　ユダヤ教・キリスト教が人間観に及ぼした重要な影響 ……50
　　4　ソクラテス，プラトンの思想――人間のアレテ ……………52
　　5　ルネッサンス期の社会的個人としての人間確立 ……………56
　　6　人間観をめぐる啓蒙思想とロマン主義との対立 ……………58
　　7　大航海時代と諸大陸の発見による人類概念の確立 …………60
　　8　生物分類学による人類概念――人為分類と自然分類 ………63
　　9　ダーウィンの進化論と人間 ……………………………………68
　　10　人類の近代的概念の確立 ………………………………………70
　　11　人種をめぐる論争 ………………………………………………72
　　12　ダーウィニズム以後の人種論議 ………………………………76
　　13　文化とパーソナリティ論 ………………………………………83
　　14　化石資料に裏付けられた人類起源論 …………………………85
　　15　霊長類学の誕生と人間観の変化 ………………………………87
　　16　哲学的人間学の新しい課題 ……………………………………89
　　17　人類起源についての新しい見方 ………………………………93
　　18　現代の新しい人間観への移行――人類学の課題 ……………100
　　19　人間にとって環境とは …………………………………………102
　　20　人間観の新しい地平 ……………………………………………105

3 人類学の歴史 ───────── 山口 敏 109

　　はじめに …………………………………………………109
　　1 自然の体系と人類──人類学前史 …………………109
　　2 洪水以前の人類──更新生人類の発見 ……………113
　　3 学会の設立──人類学の制度化 ……………………117
　　4 デュボワとピテカントロプス ………………………124
　　5 国際会議と計測法の統一 ……………………………127
　　6 人種の自然分類 ………………………………………130
　　7 血液型の発見──分子人類学への道 ………………133
　　8 統計学の寄与 …………………………………………137
　　9 ピルトダウン事件 ……………………………………140
　　10 周口店の大発掘 ………………………………………144
　　11 南アフリカ猿人の発見 ………………………………146
　　12 人種に関する声明 ……………………………………151
　　13 近年の動向 ……………………………………………156
　　14 日本の人類学(1)──日本石器時代人論争 …………161
　　15 日本の人類学(2)──日本列島人の地域差 …………166

4 日本の人類学の現況 ───────── 山口 敏 175

　　1 化石人類の研究 ………………………………………175
　　2 日本列島人の時代的変化に関する研究 ……………178
　　3 生体計測 ………………………………………………183
　　4 指掌紋と歯の研究 ……………………………………186
　　5 遺伝的多型の研究 ……………………………………189
　　6 成長の研究 ……………………………………………193
　　7 生理人類学の台頭 ……………………………………196
　　8 霊長類研究の発展 ……………………………………199
　　9 生態人類学と人口学 …………………………………203
　　日本人類学史年表 …………………………… 楢崎修一郎 218

5 付論 人類学，その対立の構図 ───── 香原志勢 231

　　人類という語の独占 ……………………………………231
　　ヒト・人間・人類 ………………………………………233
　　欧米における自然・文化両人類学 ……………………234
　　日本における自然・文化両人類学 ……………………237

	長谷部言人とAPE会	……………………………	239
	長谷部＝石田論争	………………………………	241
	形容詞のついた人類学	……………………………	243
	進化を軸とする学	…………………………………	245
	「自然」と「文化」を繋ぐもの	……………………	247
あとがき		…………………………………………………………	249
編集者・執筆者紹介		………………………………………	250

●人類学の読みかた

●責任編集・渡辺直経
　　　　　香原志勢
　　　　　山口　敏

1 人類学序説

□ 山口　敏

1　人類学とは何か

1　二つの定義

　人類学（英 anthropology）は，他の近代科学の諸分野と同様，もともとヨーロッパで発達してきた学問の一分野である。その名称はギリシャ語のアントロポス（anthropos, ヒト）とロゴス（logos, 学問）に由来するが，字義どおりにヒトに関するすべての学問分野を網羅するというわけではない。

　ヨーロッパの学界では，動物，植物，岩石鉱物などの自然物を記載し，分類し，それぞれの由来と相互の関係を明らかにしようとする学問分野を自然史（natural history）と呼んできたが，18世紀ごろから，人類もまた自然界の一員であるという見方に立って，人類を自然史研究の対象とする学問的な態度が生まれることとなった。こうして人類のさまざまな種類を記載し，分類し，さらに過去に向かってその由来をたずね，人類の集団相互の関係や，他の動物との関係を明らかにしようとする学問が，自然史の一分野として誕生した。これが人類学の始まりである。

　したがって人類学のもっとも簡潔な定義は「人類の自然史」ということになるのであるが，人類の場合は，ほかの動物には見られない〈文化〉という独特

の属性をもっているため，研究の領域を生物学的な側面だけに限定するか，文化まで含めるかによって，その内容が大きく異なることになる。

　伝統的にヨーロッパ大陸の諸国では，生物学の一分科として，人類の生物学的な面だけを取り扱う分野を人類学（独 Anthropologie，仏 anthropologie）と呼び，文化を対象とする分野は民族学（独 Völkerkunde，仏 ethnologie）や先史学（独 Urgeschichte，仏 préhistoire）と呼んで区別している。しかし同じヨーロッパでも英国の場合は，「人類の自然史」を文化も含めた広義に解釈し，その全体を人類学と呼んで，その中に生物学的な面を対象とする自然人類学（physical anthropology）と，文化を対象とする文化人類学（cultural anthropology）あるいは社会人類学（social anthropology）その他を区分している。この場合は，ヒトの生物学的な進化や変異に比べて文化の発達や分化の方が複雑かつ多様であるため，どちらかと言えば，後者の方が人類学の中で中心的な研究領域となる傾向がある。このような傾向は，英国に限らずアメリカ合衆国やカナダなど，英語圏の諸国に広く共通しており，これらの国々では人類の生物学的側面を扱う自然人類学は，広義の人類学の中の一部門として位置付けられている。

　たとえば，アメリカにおける古典的な人類学教科書の著者A・L・クローバーは，人類学を "the science of groups of men and their behavior and productions" と定義し，ヒトは有機体であると同時に，言語を通じて学習され伝えられる超有機的な文化をもつ動物であるため，生物科学と社会科学の両面にわたって研究すべきであることを強調して，後者の分野に多くの頁を費やしている（Kroeber, 1923, 1948）。

　日本の人類学は，はじめ坪井正五郎（1863-1913）を中心に英米流の広義の人類学として発足したが，やがて民族学や考古学がそれから分離独立していったため，人類学はしだいにヨーロッパ大陸風の狭義の内容を中心とするように変わってきた。しかし，第二次世界大戦後はアメリカ合衆国との交流が深まり，再び英米流の広義の人類学も普及するようになった。そのため，現在では「人類学」ということばに狭義と広義の二つの概念が併存しており，一部では混乱

の原因ともなっている。「人類学」と題された教科書の中にも，広義の立場から書かれたものが少なくない（杉浦，1951；石田・泉・曽野・寺田，1961；寺田，1985 など）が，本講座の場合は生物学的側面を中心とした狭義の人類学（自然人類学）を扱っている。

2 自然人類学の定義

　この講座で扱う人類学は生物としての人類を対象としており，その範囲はヨーロッパ大陸でいう「人類学」，あるいは英米などでいう「自然人類学」の範囲にほぼ一致する。

　19世紀の半ばに世界に先駆けてパリ人類学会を組織したフランスのP・ブローカ（P. Broca, 1824-80）は，人類学を "l'histoire naturelle du genre humaine"〔人類の自然史〕と定義したが，それよりももう少し具体的な，次のような定義も与えている（Topinard, 1885）。

> L'Anthropologie est l'étude du groupe humaine considéré dans son ensemble, dans ses détails et dans ses rapports avec le reste de la nature.〔人類学は，全体としての人類集団，および人類の諸区分，ならびに人類と他の自然界との関係に関する研究である。〕

　20世紀を通じて，ドイツ語圏を中心に広く国際的に高い評価を維持している人類学教科書（Lehrbuch der Anthropologie）を著したドイツのR・マルチン（R. Martin, 1864-1925）は，人類学を "die Naturgeschichte der Hominiden in ihrer zeitlichen und räumlichen Ausdehnung"〔時間と空間の広がりを通じてのヒト科の自然史〕と定義し，通時的な進化の面と，空間的な変異の面とを強調している。日本の長谷部言人（1882-1969）は著書『自然人類学概論』（1927）の中で，マルチンの定義を踏襲し，これを「古今東西に亙る人類の自然史」と表現している。

　生物学的な人類学と重なる内容をもったことばに人類生物学（human biology）というものがある。最近の英国では広義の人類学のうち，生物としての

人類を扱う分野を呼ぶのに人類生物学ということばが使われることも少なくないが，一般的には，医学系の教育機関などで，解剖学や生理学などを含めた基礎教育の科目の名称として使われることが多い。人体の構造・機能そのものの研究よりは，構造・機能の時代的な変化や地理的な変異などに着目する人類学の特徴を端的に表して，一般的な人類生物学と区別するため，ドイツの人類学者たちは狭義の人類学を "vergleichende Biologie des Menschen"〔比較人類生物学〕と呼ぶこともある（Eickstedt，1949；Knussmann，1980）。

　一般に英語圏では，生物学的な人類学を呼ぶのに physical anthropology ということばがよく使われる。アメリカ合衆国でこの分野の代表的な教科書を著わしたM・F・アシュリー・モンタギュは，広義の人類学を "the science devoted to the comparative study of man as a physical and cultural being" と定義し，physical anthropology をその中の一分野と位置づけて，"the comparative science of man as a physical organism in relation to his total environment, social or cultural as well as physical" と定義している（Montagu，1960）。

　この場合の physical という形容詞には，metaphysical に対する physical，すなわち文化に対する自然という意味と，psychical に対する physical，すなわち精神に対する身体という意味とがある。この学問の内容を前者の意味に解すればこれは自然人類学となるが，後者の意味と解する場合は，形質人類学ということになる。日本でも近年ではアメリカ流の広義の人類学が普及してきているため，生物学的人類学は形容詞つきで呼ばれることが多くなりつつあるが，そのさいも，研究者によってこれを自然人類学と呼ぶ人と形質人類学と呼ぶ人があって，いまだに統一がとれていないのが現状である。また最近ではbio-anthropology ということばも散見するようになっているが，日本語ではまだ定訳がないようである。

　以下，本章では便宜上，狭義の人類学を「人類学」と呼ぶこととする。

3 人類学の意義

　人類学には経済的価値を直接生み出すような応用面はあまり期待できない。あとでも述べるように，応用分野がないわけではないが，その範囲は比較的限られている。しかし人類学は，自然史の一分野として，人類を自然界の中に位置づけ，生物としてのヒトの本性を明らかにし，その誕生から現在に至るまでの長い時間的経過をたどり，諸人種への分化の経緯を明らかにすることを目指している。その成果は，人びとの自己と他者への理解をたすけ，人類の未来についての洞察に必要な科学的知識を提供するはずである。人類学は万人が共有すべき基礎的教養として大きな意義をもっている。

　その意味で，人類学的教養の普及は学校教育や生涯教育の場を通じていっそう積極的に進めなければならない。この講座がその役割の一翼を担ってくれることを期待したい。

2 人類学の研究内容

　科学の各分野の内容や，他の分野との境界は，それぞれの分野の発展の歴史を通じてのさまざまな経緯が背景にあるため，論理的に明確ではないことが多い。ここでは，伝統的に人類学固有の分野と認められてきた領域を中心に，最近の動向も含めてその内容を概観することとする。

　人類学の研究課題は大きく分けてほぼ次の四つにまとめることができる。

　　自然界における人類の位置，あるいは人類の特性に関する研究
　　人類の起源と進化に関する研究
　　人類の変異に関する研究
　　人類の適応に関する研究

　具体的な研究対象によって分野を区分すれが，次のような区分が挙げられ

る。
　　霊長類に関する研究（人類学的霊長類学）
　　過去の人類の遺骸に関する研究（古人類学）
　　現生人類に関する研究（生体人類学，生理人類学，生態人類学など）
　また研究の方法に関しては，それぞれの研究課題，それぞれの研究対象に対して次のような方法が適用される。これらは互いに画然と区別される性質のものではなく，相互に関連しており，課題に応じて随時さまざまな組み合わせのもとに用いられる。
　　形態学的，機能形態学的方法
　　生理学的方法
　　遺伝学的，分子生物学的方法
　　行動学的，生態学的方法
化石人類や古人骨に関する研究には，上記の諸方法のうち主として形態学と機能形態学の方法が使われるが，最近では遺伝学的な方法も一部に適用され始めている。生理学的方法以下の諸方法は主として現生の霊長類と人類を対象に適用されるが，その成果は人類の起源と進化の要因の解明にも役立てられる。
　人類学で使われる方法には他の学問分野で開発されたものが少なくないが，人類学の伝統の中で発達してきた独自の方法として，生体と骨格の計測法がある。これらの具体的な内容は本講座の別巻1「I　生体計測法，II　人骨計測法」に詳しく紹介されている。

1　自然界における人類の位置，あるいは人類の特性に関する研究

　人類の特性を明らかにすることを目的として，主として現生の人類と霊長類を対象として行なわれる研究分野である。かつては伝統的な形態学の方法による比較解剖学とそれに基づく系統分類が主流であったが，現在では機能形態学の方法による歩行機能の解析とそれに基づく直立二足性のメカニズムに関する研究，蛋白質のアミノ酸配列やDNAの塩基配列の解析に基づく系統関係の研

究，野外での霊長類社会の長期観察と個体識別に基づく詳細な行動学的，生態学的研究など，新しい分野の発展が著しい。

とくに霊長類の野外調査の分野では，かつて人類に特有とされていた道具製作について，チンパンジーのシロアリ釣りのような萌芽的な事例が類人猿でしばしば観察されたり，幸島のサルのイモ洗いの例のような，新しい行動様式の社会的な伝播の観察を通じて文化の起源に関する考察が進められるなど，注目を集めている研究が少なくない。

また近年では霊長類の大脳機能に関する生理学的な研究や，知能や言語機能に関する実験心理学的な研究も進展しており，人類学にとっても貴重な知見が得られているが，これらの分野の研究は伝統的に主として生理学，心理学の領域で行なわれている。

本講座では第2巻「霊長類」が霊長類の分類や比較形態学的研究をはじめ，近年とくに成長の著しい霊長類の遺伝学的，分子科学的研究，比較生態学的研究，伝達機構や社会構造に関する野外研究の成果などを紹介している。また，歩行様式，脳と歯の構造，体温調節機構，一側優位性などにおける人類の特性に関する研究は第3巻「進化」にまとめられている。

2 人類の起源と進化に関する研究

人類の起源と進化の過程を化石の記録から明らかにしようとする分野は古人類学（palaeoanthropology，または human palaeontology）と呼ばれている。ふつう，更新世以前の人類（すなわち旧石器時代人）の遺骸は化石人類（fossil hominids）と呼ばれ，古人類学の主たる対象とされるのに対して，完新世に入ってからの，比較的新しい時代（新石器時代以降）の人骨は，一般に古人骨と呼ばれて，化石人類とはやや異なった扱いを受けている。

ドイツ語圏では，化石人類の研究だけを古人類学（Paläoanthropologie）と呼び，新しい時代の古人骨の研究は，先史人類学（prähistorische Anthropologie）と呼んでいるが，古人骨研究の対象は先史時代人に限らず，歴史時

代人にも及ぶので，この呼称はあまり適当とは言えない。

　化石人類の研究資料は，一般的に発見例が少なく，しかも保存状態が不完全であることが多い。そのため研究の方法としては，個々の断片的な標本のもっている限られた形態的な情報をできるだけ詳細に記載し，微妙な形態の差を相互に比較することによって，進化の流れと系統関係を復元することに主眼が置かれる。

　一方，新石器時代以後の古人骨資料の場合は，化石人類に比べて資料数が概して豊富であり，保存状態も良好であることが多い。そのため，これらの古人骨の研究では，骨格の各部位を統一された方法で計測し，その結果を統計学的に処理して比較するという手法が多く用いられる。骨格の形態的な変異の中には，計測では表せないような変異もあり，その場合は観察に基づく記述が必要となるが，主観的な判断の入る余地のある形態の記載は，多数資料に関する比較研究にはあまり向かないため，客観的な基準によって非連続的なカテゴリーに分類しやすい形態変異（discrete traits）に注目し，その出現率をとって統計学的に比較するということも盛んに行なわれている。この分野は非計測的小変異の研究と呼ばれている。

　化石人類や古人骨の標本の中には時として病的変化の認められるものがある。このような標本は系統進化の研究や集団間の類縁関係の研究には利用できないため，とかく無視されがちであったが，近年では標本のもっている情報をできるだけ引き出して利用するという考え方のもとに，病的標本についての研究も進められ，その成果は過去の人類集団の健康状態ばかりでなく，生活環境の復元にも役立てられるようになっている。このような分野は古病理学（palaeopathology）と呼ばれ，いまでは古人類学の中での重要な研究分野の一つである。

　第三紀鮮新世から第四紀更新世にかけてのヒト科の進化には，アウストラロピテクス属からホモ属への進化があり，ホモ属の中でもエレクトゥス種からサピエンス種への変化などが起こっているが，完新世における変化はホモ・サピエンスという種の内部での時代変化であるため，これについては更新世以前の

進化とは区別して,「小進化」と呼ぶことがある.

　進化,小進化の研究の基礎は骨や歯の形態学的な研究であるが,形態の差異や時代的変化の意味を理解するためには,形態のもっている機能的な意味を知らなければならない.そのために,力学や生理学のさまざなな実験方法を利用するバイオメカニクス (biomechanics) と呼ばれる分野が人類学にも取り入れられ,咀嚼機能と顔面骨格の形態との関係や,下肢にかかる力学的な応力と下肢骨の形態との関係などが研究されている.これらの研究によって猿人における直立二足性の達成度や,ホモ・エレクトゥスとホモ・サピエンスのあいだに見られる眼窩上隆起の形態の差の意味や,縄文時代人と現代人の下肢骨の形に見られる差の意味などが明らかになってきている.

　進化の研究にせよ,小進化の研究にせよ,人類の時代的な変化の流れを正確に把握するためには,個々の化石人類の標本や古人骨資料の年代をできるだけ正確に把握することが重要である.人骨標本自体から年代を調べる直接的な方法がないわけではないが,それには貴重な標本の一部を破壊しなければならないので,ふつうは間接的な方法が使われる.標本が出土した地層の年代に関する地質学的な情報をはじめ,共伴して発見された動物化石に関する古生物学的な情報,あるいは遺跡に残存していた炭化物の放射性炭素年代,人類の残した石器,土器等の遺物の年代に関する考古学的な情報などが利用されるが,科学のさまざまな領域にまたがる情報や技術を利用して,人類進化の時代的な枠組みを明らかにしようという目的をもった分野は年代学 (chronology) と呼ばれ,人類学にとって不可欠の分野となっている.

　この講座では第4巻「古人類」がこれまでに発見されている霊長類の化石と猿人から新人に至る各進化段階の人類化石についての具体的な記載と,それらの化石の年代的な背景に関する研究を扱い,第3巻「進化」が人類の起源,とくにヒト化の過程と要因に関する理論的な考察と,ホモ・サピエンスにおける小進化の研究を扱っている.また第5巻「日本人・Ⅰ」には,日本の更新世人類(旧石器時代人骨)をはじめ,完新世の縄文時代から中世・近世までの各時代の古人骨に関する研究がまとめられているほか,日本の古人骨資料を素材と

した機能形態学や古病理学の研究例も紹介されている。

　人類進化研究の分野は長いあいだ化石に関する形態学的な研究の独壇場であったが，近年では，遺伝子に関する分子レヴェルの研究が進み，分子時計の方法によって人類の系統と類人猿（チンパンジー，ゴリラ，オランウータンなど）の系統との分岐年代の推定が試みられ，中新世における化石記録の空白部分がある程度埋められるようになっている（第2巻「霊長類」参照）。さらに最近では，PCR法の開発によって，古人骨にわずかに残されたDNAの断片を取り出して増幅し，部分的な塩基配列を決定して現代人のDNAと直接比較するということも可能となってきた。この分野の最新の研究動向は残念ながら本講座では取り上げられていないが，遺伝子に関する分子レヴェルの情報を人類学上の問題の解決に役立てようとする分野は分子人類学と呼ばれており，日本の縄文時代人骨やヨーロッパのネアンデルタール人骨などについて実際に興味深い成果が挙げられている（Horai, et al., 1989；Krings, et al., 1997）。

3　現生人類の変異に関する研究

　現在生きている人類に見られるさまざまな変異に関する研究は内容が極めて多岐にわたっている。伝統的には人類の地理的な変異（グローバルには人種差，局地的には地域差）の研究が人類学の主要な課題の一つであったが，このほかに成長と老化（年齢差），性差，体質，世代変化，都市化などの研究分野がある。

　人類の地理的な変異型である人種の研究は，18世紀のブルーメンバッハ（J. F. Blumenbach, 1752-1840）以来の長い歴史があり，今世紀の前半までは，人類学の中で進化の研究と並ぶ二大領域の一つをなしていたが，第二次世界大戦後，それまでの人種研究の底にひそんでいた人種差別の思想が指摘され，従来の人種分類に批判が集中した。その結果，幾つかの形質を恣意的に組み合わせた類型学的な人種研究はしだいに影をひそめ，人種類型を離れた個々の形質の地理的勾配や環境との関係に研究者の関心が移ってきている。近年では人種の

概念自体が虚構であるとして，これをまったく否定する研究者が少なくないが，イデオロギーとしての人種主義は依然として横行しており，これと闘うためにも，人種差の実体についての研究と精確な知識の普及は今後とも決して疎かにはできないであろう。

　ヨーロッパ諸国では，人種研究と関連して，各国の国民の人種構成への関心が強く，住民の身体形質の地域差に関する調査が早くから盛んに行なわれていた。その結果，ヨーロッパの住民については皮膚の色，毛髪の色，虹彩の色，身長，頭示数などの地理的な変異の実態がかなり明らかになっている。このような調査はその後インド，中国，日本などでも行なわれている。日本では人類学，解剖学，法医学などの分野の研究者の協力によって，身長，頭示数などの生体計測値をはじめ，指掌紋，血液型などについて，全国規模の調査が行なわれて，膨大なデータが蓄積している。これらは日本人集団の構成に関する研究にとって重要な基礎資料となっている。

　年齢と性による変異，すなわち成長，老化，性差の研究は，本来は解剖学や生理学の領域であるが，実際には早くから人類学もこれらの研究に関わってきた。それは成長と老化にしても性差にしても，個体の置かれた環境による影響を強く受ける面があり，個体的，集団的な変異が著しいからである。成長や性的成熟の過程は生活環境，とくに気候風土や栄養状態や社会的環境などの影響を受けるため，地域によっても，また時代によっても異なることが明らかになっている。個体の経た生活環境の総体，とくに職業，あるいは生業活動がその個体の老化現象に如実に反映することもよく知られている。

　性差（性的二型ともいう）の程度が動物の種ごとにさまざまであること，とくにホミノイド上科に属する類人猿やヒトのあいだで変異があり，それがそれぞれの種の社会的な雌雄関係の在り方と関連していることはよく知られているが，現生人類のいろいろな社会のあいだでも，性差の程度には変異があり，それは行動の面ばかりでなく，身体の大きさや体形にも表れている。

　体質に関する研究にはさまざまな視点があるが，たとえばクレッチュマー（E. Kretschmer）による細長型，筋肉型，肥満型の分類であるとか，シェルド

ン（W. H. Sheldon）による外胚葉型，中胚葉型，内胚葉型の分類などは，体型を一定の基準に従って分類しようとする研究である。人類学にもある程度は取り入れられているが，これらはそれぞれの体型と精神的な気質，あるいは性格上の類型との関連を中心に，精神医学や心理学の中で発達してきた分野であり，日本の人類学界ではあまり研究されていない。

　世代変化というのは，欧米諸国や日本など，都市化などにともなう生活環境の変化の著しい地域で，過去数世代のあいだに起こっている体型や体力や成長速度などの急激な変化を指すことばである。とくに身長の増大，頭形の変化（短頭化現象），初潮年齢の低下傾向などがよく知られ，地理的に遠く離れた欧米諸国と日本で平行的に起こっていることで注目されている現象である。また，世代変化に類似した体格や頭形の変化は，大陸間の移住のさいにも生じることが，アメリカ合衆国におけるヨーロッパ人移民や日本人移民の子孫について明らかにされている。

　これらの主として形態学的な変異のうち，人種特徴とそれに基づく人種分類や，人種間の混血に関する研究と，人種偏見や人種主義に関する考察は本講座第7巻「人種」に，また現代日本人の生体計測，皮膚隆線，軟部，骨格，歯，遺伝的多型にみられる地域差の研究は第6巻「日本人・II」にまとめられている。そのほか，年齢的変化や性差のさまざまな側面と，環境との関係に関する研究は第8巻「成長」にまとめられており，世代変化については第3巻「進化」と第8巻「成長」で扱われている。

4　現生人類の適応に関する研究

　適応というのは，生物がそれぞれの環境に応じて形態や機能や生活行動を変化させながらその生命活動を維持することを言い，人類の進化それ自体，人類が生息圏を広げながら新しい環境に次々と適応してきた結果に他ならない。巨視的にみれば直立二足性の獲得も脳の大化も適応の結果であり，さらには言語機能に基づく文化の獲得もまた人類独特の適応と言えよう。文化を持つように

なった人類にとって，新たに文化的環境が加わることによって適応は一層複雑なものとなった。道具の発達にともなう歯と咀嚼機能の退化傾向などは文化環境への一種の適応といえよう。現在の人類をいくつかの人種群に分けている皮膚の色や体型の違いも，文化という新しい適応力をもった人類が，新しい生息地に拡大し，さまざまな集団がそれぞれ異なった自然環境に適応するようになった結果と考えられる。

　しかし化石や古人骨の研究だけで実際の適応の過程を解明することは困難である。どうしても生きている人びとを対象にした，生体と環境との相互関係，相互作用に関する分析的な研究が必要となる。形態的な適応の研究には機能形態学あるいはバイオメカニクスの方法が，また生理的機能の適応に関する研究には運動生理学や環境生理学の方法が使われる。進化はまた，遺伝学の立場からすれば遺伝子頻度の変化ということであり，その要因には突然変異と自然淘汰と遺伝的浮動がある。集団遺伝学の方法を取り入れた遺伝子レヴェルでの適応研究も，今後の発展が期待される領域である。

　生物の集団を構成する個体数の増減は，その集団の生物学的な適応度をはかる重要な指標である。人類の諸集団の人口を扱う人口学は，人類諸科学のさまざまな分野に関係のある，一種の学際的な研究分野であるが，人類学にとっても人口の研究は看過できない重要な課題である。人類全体の人口現象を考察するためには，文明社会だけでなく，狩猟採集民を含むさまざまな生業形態をもつ集団の人口現象の把握が必要である。過去にさかのぼって人口の推移を明らかにすることは極めて困難ではあるが，古人骨集団の性別・年齢別構成を分析することによって過去の集団の人口学的な特徴の一部を解明することは可能であり，事実そのための研究も人類学の一分野となっている。

　現代人の生活行動に関する研究も人類学の重要な分野である。人類集団の行動パタンは，集団の置かれている環境によって異なることは言うまでもない。とくに天然資源に依存する生業活動は，集団の居住する地域の自然条件に大きく左右される。さまざまな環境とそれに応じた行動パタンとを動物の行動学や生態学と同様の方法で観察記述し，両者のあいだの関係を分析する分野は，生

態人類学と呼ばれ，霊長類の野外研究と並んで，近年多くの研究者を引き付けている分野である。

　生態人類学が全人類を対象に人類集団とそれを取り巻く自然環境との相互関係に注目するのに対して，身近な生活環境のもとでの人びとの生活行動を身体活動に即して注目する研究分野がある。生理学的な機能の適応に重点を置く分野は生理人類学と呼ばれ，衣食住などの生活に注目する分野は生活学と呼ばれる。

　この講座では霊長類をも含めた適応問題についての理論的な考察と，顔面頭蓋や直立二足歩行にみる力学的な適応，海女にみる生理機能の適応，アフリカの伝統社会にみる生態学的，文化的適応などの具体的な研究例が第9巻「適応」にまとめられている。第10巻「遺伝」には血液型，血清蛋白の多型，染色体など，近年発展の著しい人類遺伝学の成果が紹介されているほか，遺伝距離や移住の解析など，人類学と関係の深い集団遺伝学の理論も解説されている。第11巻「人口」には現生人類の人口分析だけでなく，古人骨資料から過去の集団の人口現象を復元する古人口学の試みや，霊長類の個体群研究が紹介されている。第12巻「生態」は，人類とそれを取り巻く自然環境や文化環境との関係を，人類の側の積極的な活動という観点から考察したものである。また最終巻の「生活」は，身体活動に即した生活行動という観点から現代生活における行動の発達，エネルギー消費と食生活，生殖などの局面を扱っている。

　人類学の応用的な面としては，体型の変異の研究による衣服の設計への貢献の例が第13巻「生活」に紹介されている程度であるが，この他にも実際には人類学の研究成果は椅子などの家具類の設計をはじめ，臨床医学，法医学，などの分野で利用されている。とくに日本では，近年，生理学的な方法を取り入れ，生きた人間を対象にした人間工学的な研究が盛んに行なわれ，その成果が生活環境や労働環境の改善に応用されるようになってきているが，この講座にはこの分野の成果は十分反映されていない（佐藤，1997 参照）。

3　隣接科学との関係

1　自然科学

(1) 人体解剖学

　人体の構造を研究対象とする解剖学は，生理学とならんで基礎医学の重要な分野であるが，同時に人類学にとっても重要な基礎科学の位置を占める。人体の外形や骨格に関する研究は，単なる静的な形態にとどまらず，しばしばその個体差，集団間の差，年齢的な変化，性による差異，さらには時代を通じての変化などに及んでゆくので，解剖学の研究者のあいだから人類学の領域に入る研究者が少なくなかった。近年では，解剖学研究の主流が，肉眼的形態よりは組織や細胞レヴェルの微細構造の研究に向かっているので，個体や集団のレヴェルでの比較をめざす人類学との接点は，かつてほど大きくはなくなってきているが，形態人類学にとって人体解剖学が不可欠の基礎科学であることにはいささかの変わりもない。

(2) 人体生理学

　人類学において形態的な変異や進化の研究に加えて，機能面での適応の研究が重要視されるようになっていることは前節でも述べたとおりであるが，その傾向にともなって，解剖学的・形態学的な方法ばかりでなく，人体生理学の方法も大幅に人類学に取り入れられるようになっている。この分野は将来ますます発展するものと考えられるが，これまでにとくに顕著な発展を見せてきたものの一つは，骨格の形態変異の背景にある筋肉の活動に関する生理学的な研究である。骨格は筋肉とともに運動器系を構成しており，その形態の変化や差異は筋肉の機能と不可分の関係にある。中でもヒトと霊長類の歩行運動の筋電図法による解析はもっとも大きな発展を見せている分野である。

もう一つ注目されるのは，種々の環境生理学的な方法による適応研究である。人口気象室の開発などによって，気温，湿度，気圧など，物理的な環境要因に対する生体の反応に関する研究が進み，自然環境ばかりでなく，現代社会における人工的な環境への適応研究にも応用されている。この分野は，その成果が生活環境や労働環境の改善にも直結しており，さらに応用面を拡大しながら今後一層発展することが期待されている。

(3) 霊長類学

霊長類学は本来は人類学とは別個の，動物学の一分科として，独立した大きな研究分野をなすべきものであるが，霊長類研究は人類の生物学的な特性や起源を明らかにするために不可欠な分野であるところから，歴史的に人類学と密接な関係をもって発展してきた経緯がある。しかし近年では生態学，行動学，心理学の面での研究の発展がめざましく，また臨床医学に必要な実験動物としての役割も注目され，国際的にも，日本国内でも人類学とは独立した学問分野に成長している。それにともなって独自の学会も組織され，機関誌も発行されるようになっている。しかし，一方で人類学との伝統的に密接な関係は依然として続いている。

(4) 人類遺伝学

人類遺伝学の歴史は人類学に比べれば比較的浅いのであるが，分子生物学の発展の結果，分子レヴェルでの遺伝子研究が可能となったため，急速な発展を遂げて今日に至っている。この分野は元来臨床医学と関連しながら発達してきたため，病的遺伝形質に関する研究が大きな部分を占めており，正常形質の研究に関しては，人類学における研究と重なる部分が大きい。とくに遺伝的多型形質の分野では，遺伝子頻度のデータの集積が人類集団の相互の近縁関係の研究に有用であるため，人類学の研究者による貢献も少なくない。最近ではＤＮＡの塩基配列の解析が人類の起源や人種の分化の研究にも重要な情報をもたらすことが証明され，人類学と人類遺伝学の重なりはますます大きくなってきて

いる。

(5) 統計学

　生物の種や属の比較を行なう場合は，一見して明らかな形態的特徴の有無を問題にすることが多いのであるが，ホモ・サピエンスの内部の集団どうしの微妙な変異を問題にする人類学の場合は，対象となる集団から複数の個体を選び，さまざまな部位について種々の計測を行なって，その結果を統計的に処理し，集団間の差の有意性を調べたり，類似の程度を比較したりしなければならない。そのため，人類学では早くから統計学の方法が活用されているが，統計学の側でも，人類学の資料を素材にして，人類学の問題を解決することを当面の目標にしてさまざまな方法が開発されてきたという経緯がある。長骨の長さからの身長推定式や人種類似係数を考案したのは統計学者のピアソン（K. Pearson）であったし，古人骨の帰属集団を推定するための判別関数を考案したのはフィッシャー（R. A. Fisher）であった。インドの多様な人類集団の相互関係を客観的に把握するために，統計学者のマハラノビス（P. C. Mahalanobis）が考案した，複数の計測値に基づく汎距離（generalized distance）も人類学の各方面で多用されている。

(6) その他

　ヒト科の出現に先立つ第三紀漸新世から中新世にかけてのホミノイド化石の研究は，古生物学の対象であると同時に古人類学にとっても極めて重要な研究対象である。また人類の遺跡で人類化石や文化遺物にともなってしばしば発見される動物や植物の遺存体は，古人類の生活環境の復元に欠くことのできない重要な情報源であり，この領域でも古生物学と人類学は密接な関係にある。

　近年では，第四紀の古環境の復元を目指してさまざまな学問分野による共同研究が進められ，人類進化の背景となった古気候，氷河の消長，海進・海退にともなう陸橋の変遷，火山活動などの実態が解明されつつあり，人類学を含む第四紀学という学際的な分野が発展している。

人類学の中で近年発展の著しい分野の一つに古病理学があるが，過去の人類集団の健康状態を古人骨資料のもっている限られた情報から復元するためには，医学の各分野の知識を十分に活用する必要がある。また医学の中でもとくに法医学は，人骨や歯から性別，年齢，人種などを判別する場合や，各種の遺伝形質に基づいて血縁関係を判定する場合などに，人類学と共通する方法を用いることが少なくないため，しばしば学際的な協力が行なわれる。

　その他にも，研究の分野によって，人種研究と地理学，成長研究と小児科学や体育科学や教育学，骨の機能形態学と整形外科学，歯と顎骨の形態研究と歯科医学などのように，関連する学問分野は少なくない。

2　文化人類学（民族学）および考古学

　人類は言語機能を獲得することによって文化をもつに至った動物である。言い換えれば，文化をもっているという点こそが人類の最大の特性だと言ってもよい。したがって，人類の進化や地理的な変異は，それぞれ文化の発展や分化と密接に結びついており，これらを総合的に把握してはじめて人類の総体的な理解に至ることが可能となる。英米諸国の人類学が，ヒトとその文化の総合的な研究をめざしているのもそのためである。

　この講座の内容はヨーロッパ大陸流の狭義の人類学を中心としているが，ヨーロッパ大陸諸国でも，人類学と民族学と先史考古学とは，学問の成立当初から人類科学の3部門（Trias）として特別に密接な関係をもち続けており，その伝統は現在でも，国際人類学・民族学連合という国際組織の中に脈々と続いている。

　この関係は単に理論上の要請によるものだけではない。実際に古人類学が出土標本を扱うさいには，それぞれの標本の属する年代や，文化的な背景，あるいは所属する文化圏などに関して，先史考古学が提供してくれる情報が不可欠である。また現生人類のさまざまな集団を研究するさいしても，対象となる具体的な人類集団を規定するには，現実の問題として人為的な人種分類にたよ

ることは不可能であり，必然的に言語や文化を共有する民族のカテゴリーによらざるをえないのである。

この3分野は，互いに分化する方向をたどってはいるが，完全に分離してしまうことは決してできない関係にあるといえよう。

4 人類学の研究体制

日本ばかりでなく，海外諸国においても，人類学は動物学や解剖学などに比べて制度的にひじょうに弱体である。そのため，人類学専門の機関に属する研究者は比較的少なく，他の分野の機関に属しながら人類学的な研究にたずさわっている研究者が多い。以下，代表的な国々での状況を概観することにする。

1 日　本

日本で人類学の教育と研究を比較的まとまった規模で行なっている機関としては東京大学と京都大学を挙げることができる。

東京大学の場合は，1893（明治26）年に理学部に1講座からなる人類学教室が設置され，以来それが日本の人類学研究において中心的な役割を果たしてきた。1939（昭和14）年には人類学科が設置され，はじめて本格的な人類学の学部教育も行なわれるようになった。現在は1995年の制度改革により，動物学，植物学と共に，大学院理学系研究科生物科学専攻の中に位置づけられ，人類科学大講座として人類学の教育研究を担当している。

人類学大講座はヒトの特異性，進化，変異，および適応について，分子・細胞，個体，および集団の3レヴェルで研究することを目標に掲げ，次の5つの研究室に分かれて活動を行なっている。

　　生態人類学研究室　　　　　　人類分子進化学研究室
　　人類生体機構学研究室　　　　人類遺伝学研究室

形態人類学研究室

生物科学専攻には上記の人類科学大講座のほかに，広域理学大講座の中に人類細胞遺伝学研究室があり，また流動講座では現在，国立科学博物館と東京都老人総合研究所との連携による併任教官が人類形態進化学と古病理学を担当している。また学内の総合研究博物館の人類先史部門にも人類形態研究室があって，豊富な標本資料を駆使しての形態進化の基礎的な研究と教育を行なっている。

このほか医学系研究科にも人類遺伝学教室と人類生態学教室があり，それぞれ活発な研究活動を行なっている。

京都大学の場合は，理学系研究科（理学部）生物科学専攻の動物学教室の中に自然人類学と人類進化論の2研究室があり，それぞれ形態学と行動学，生態学の面から人類の進化を中心に研究を行なっている。両研究室ともアフリカでの長期野外調査を特徴としており，国際的に評価の高い研究業績を挙げているほか，自然人類学研究室には清野謙次古人骨コレクションが保管されており，内外の研究者の利用に供されている。また，犬山市に京都大学付属の霊長類研究所があり，進化系統，社会生態，行動神経，分子生理の4研究部門のほかに，人類進化モデル研究センターとニホンザル野外観察施設が設置されている。研究の内容は心理学や神経生理学など，多岐にわたっているが，進化系統部門と社会生態部門での研究には人類学と関連の深いものが多い。そのほかアフリカ地域研究資料センターでは生態人類学の調査研究が活発である。

その他に比較的小規模な形で人類学の教育研究が行なわれている機関として以下の例がある。

  筑波大学歴史人類学系
  御茶ノ水女子大学生活科学部人間科学講座
  大妻女子大学人間生活科学研究所
  日本女子体育大学
  慶応義塾大学文学部人類学研究室
  大阪大学人間科学部人間生態学・生物人類学講座

岡山理科大学総合情報学部人類学教室
　　九州大学大学院比較社会文化研究科
　また機関名に人類学は掲げられていないが，実質的に人類学の研究が活発に行なわれている所も少なくない。これらは担当者の異動などにともなって流動的ではあるが，現時点（1999年度）で若干の例を挙げれば下記のようになる。
　　東北大学医学部解剖学教室
　　筑波大学体育科学系応用解剖学研究室
　　千葉大学工学部人間生活工学研究室
　　日本大学松戸歯学部解剖学教室
　　東京都立大学大学院理学研究科身体形態情報学研究室
　　東京慈恵会医科大学解剖学教室
　　総合研究大学院大学先導科学研究科
　　聖マリアンナ医科大学解剖学教室
　　九州芸術工科大学人間工学教室
　　佐賀医科大学解剖学教室
　　長崎大学医学部解剖学教室
　　琉球大学医学部解剖学教室
　大学とは別に人類学の研究を行なっている機関としては次のようなものがある。
　　工業技術院生命工学工業技術研究所人間環境システム部
　　群馬県立自然史博物館
　　国立科学博物館人類研究部
　　東京都老人総合研究所
　　国立遺伝学研究所進化遺伝部門
　　(財)日本モンキーセンター
　　国際日本文化研究センター
　　土井ヶ浜人類学ミュージアム

2　アジア・オセアニア諸国

中国では，かつては上海の复旦大学の人類学研究室が人類学の教育機関として中心的な役割を果たしていたが，現在では大学レヴェルでの独立した教室はなくなっているようである。それに代わって，中国科学院の古脊椎動物・古人類研究所，同じく遺伝学研究所，それに中国社会科学院の考古研究所などで，後継研究者養成を兼ねた大学院レヴェルの教育が行なわれている。

人類学の専門研究機関としては，北京の古脊椎動物・古人類研究所の人類部門がもっとも大きく，多数の古人類学者と先史考古学者を擁しており，主として中国各地で出土する化石人類，旧石器，それらにともなう動物骨，古霊長類化石の研究に従事しているが，一部の研究者は中国の少数民族の生体調査なども行なっている。また遺伝学研究所では，同じく国内少数民族の集団遺伝学的な研究も行なわれている。考古研究所は主として新石器時代以降の遺跡の考古学的研究を担当しているが，ここにも少数ながら古人類学の研究者が配属されており，新石器時代や青銅器時代の出土人骨の研究を行なっている。このほかに，北京と上海の自然博物館にそれぞれ人類学の部門が置かれ，展示活動と研究が行なわれている。

インドネシアではジョクジャカルタのガジャマダ大学に生物人類学・古人類学研究室があり，バンドンの地質研究開発センターと共にジャワ原人などの化石人類を中心とする研究活動を行なっている。

インドでは，多種多様な構成要素を含んだ社会の事情を反映してか，デリー，カルカッタをはじめ，多くの大学に広義の人類学教室があり，それぞれその一部で人類遺伝学を含む自然人類学の教育と研究も行なわれている。大学以外の機関としては国立のインド人類学調査所（Anthropological Survey of India）と，インド統計研究所の人体計測・人類遺伝ユニットがある。人類学調査所はカルカッタの本部のほか，全国7箇所に地域センターがあり，各地の大学人類学教室と協力して形態，成長，遺伝形質，社会慣習，文化，宗教，言

語などの調査研究のほか，人類学的知識の普及と行政への助言も行なっている。

　オーストラリアでは英国の影響が強く，大学の人類学教室での教育研究はほとんどもっぱら社会人類学分野のそれに集中し，生物学的な人類学は大学医学部の解剖学教室（シドニーとアデレード）などで行なわれていたが，近年になってやや状況が変化し，キャンベラの国立大学の人類生物学教室，メルボルンのラトローブ大学の遺伝学・人類変異学教室，アーミデールのニューイングランド大学の考古学・古人類学教室などで人類学の教育・研究が行なわれるようになっている。そのほか，自然史系の博物館が各州にあって，人類学関係の標本を保管しているが，中でもとくにアデレードの南オーストラリア博物館の研究活動が活発である。

3　ヨーロッパ・アフリカ諸国

　イギリスの場合は，オックスフォード大学の生物学的人類学の教室（Dept. of Biological Anthropology）が，大学での独立した人類学の教育研究機関としては，ほとんど唯一の機関であるが，その他にアバディーン大学の解剖学教室，ダラム大学の人類学教室，リヴァプール大学の解剖学教室，ロンドン大学ユニヴァーシティ・カレッジの人類学教室とゴールトン研究室，同大キングズ・カレッジの解剖学・人類生物学教室，同大小児健康研究所の成長・発達学教室，ニューカッスル・アポン・タイン大学の人類遺伝学教室，大英自然史博物館の古人類学部門などで人類学に関連した研究が行なわれている。

　ドイツ語圏では16の大学に人類学単独の，または人類遺伝学と合同の教室がある。ギーセン，フンボルト（旧東ベルリン），キール，マインツ，ウルム，チューリッヒの各大学の教室は人類学教室と称しているが，ブラウンシュワイク，ブレーメン，ハンブルク，ウィーンの各大学のそれは人類生物学と称しており，ベルリン，フランクフルト，イェナ，ミュンヘン，チュービンゲンの各大学では人類学・人類遺伝学教室となっている。このように人類遺伝学との関

係がとくに密接である点がドイツの特色の一つといえよう。大学以外の研究機関としては，ゼーウィーゼンのマックス・プランク行動生理学研究所の人類行動学部門，ゲッチンゲンのドイツ霊長類センター，ベルリンの古代史研究所の人類学部門などがある。博物館ではミュンヘンの国立人類学博物館のほか，バーゼルとウィーンの自然史博物館の人類部門を挙げることができる。人類進化の展示はフランクフルトのゼンケンベルク博物館とデュッセルドルフのネアンデルタール博物館にもあるが，人類学の研究者は配置されていない。

　フランス語圏では，パリ第七大学，ボルドー第一大学，リモージュ，ブリュッセル，ジュネーヴなどの大学に人類学研究室があるほか，パリ第六大学とマルセーユのプロヴァンス大学には古人類学，カーンとリールの医学部にはそれぞれ古病理学と比較頭蓋学の研究室がある。大学以外の研究機関としては，パリの高等研究院（École Pratique des Hautes Études）の人類学研究室，おなじくパリの人類古生物学研究所，トゥールーズの国立血液型研究所，マルセーユの国立第四紀地質研究所，ブリュッセルのベルギー王立自然科学研究所人類学・先史学部門があり，博物館としてはパリの人類博物館（Musée de l'Homme），モナコの先史人類学博物館などが挙げられる。

　このほかイタリア，スペイン，ポルトガルにも人類学教室のある大学が少なくない。北ヨーロッパではスウェーデンのストックホルム大学の骨学研究所がよく知られている。ロシア，ポーランド，チェコなどの東ヨーロッパ諸国では，大学ばかりでなく，科学アカデミーでの人類学の研究活動が盛んに行なわれ，スポーツ研究や成長研究にかなりの重点が置かれているのが特徴である。代表的な博物館としては，レニングラードの科学アカデミー付属の人類学民族学博物館と，モスクワのモスクワ大学付属人類学博物館が挙げられる。

　アフリカ諸国には独立した人類学教室をもつ大学はないようであるが，南アフリカのヴィトヴァーテルスラント大学（ヨハネスブルグ）とケープタウン大学の解剖学教室では人類学の研究が盛んである。博物館ではナイロビのケニア国立博物館とプレトリアのトランスヴァール博物館が古霊長類や猿人の化石研究で国際的に著名である。

4　アメリカ諸国

　アメリカ合衆国では300以上の大学に人類学の教室（department）が置かれているが，その内容は文化人類学を主体とする広義の人類学であり，自然人類学はその中の一小部分を構成している。大学によっては自然人類学分野がまったく欠如しているところもある。しかし，比較的規模の大きい大学の人類学教室には，教授陣に複数の自然人類学者が含まれているところも少なくない。とくに自然人類学部門の充実した大学として，テンペのアリゾナ州立大学，バークレーとロサンジェルスのカリフォルニア大学，ニューヨーク市立大学，ボウルダーのコロラド大学，ケンブリッジのハーヴァード大学，アナーバーのミシガン大学，アルブカーキーのニューメキシコ大学，フィラデルフィアのペンシルヴァニア州立大学，ノックスヴィルのテネシー大学，シアトルのワシントン大学，マディソンのウィスコンシン大学などが挙げられる。

　博物館ではニューヨークのアメリカ自然史博物館，ケンブリッジのハーヴァード大学付属ピーボディー博物館，ニューヘイヴンのイェール大学付属ピーボディー博物館，フィラデルフィアのペンシルヴァニア大学付属博物館，サンディエゴの人類博物館，ワシントンのスミソニアン機構の自然史博物館などの人類学部門が充実している。このほかにアトランタ，ボストン，シアトルなどに霊長類研究センターがある。

　カナダでもアメリカ合衆国と同様に，多くの大学に広義の人類学教室があり，教授陣に多かれ少なかれ自然人類学の研究者も加えられている所が多い。中でもトロント大学の人類学教室が強力な自然人類学の陣容をととのえている。オタワの国立人類博物館は民族学が主体ではあるが，自然人類学の部門も設置されている。

　メキシコでは国立人類学・歴史学研究所とメキシコ国立自治大学の人類学教室にそれぞれ自然人類学の部門があり，国立人類学博物館で民族学，考古学とならんで自然人類学の展示も行なわれている。

南アメリカ諸国の大学の人類学教室は文化人類学や社会人類学が中心となっており，自然人類学を扱う所はほとんどない。しかし，各国の中央博物館の中には，ブラジル（リオデジャネイロ），チリ（サンチャゴ），ペルー（リマ）の例などのように，自然人類学の部門を配して骨学の研究を行なっている所が少なくない。

5　人類学の教育

1　教育の内容

初等中等教育では人類学の教育はほとんど行なわれていない。これは日本に限らず，ほとんどの国でも事情は同じである。

1949年の新制大学発足にともない，教養科目の一つに人類学が認められ，多くの大学で講義が行なわれるようになった。そのため，日本学術会議の人類学研究連絡委員会で，教養科目としての人類学の教授要綱案が作成された。その内容は広義の人類学に相当するもので，主な教授内容として「人類学の課題と歴史，生物界におけるヒトの地位とその特性，遺伝と環境，人種と民族，ヒトの進化，ヒトの行動，生活諸方式，文化，個人・社会・文化」が挙げられた。また，委員の一人であった杉浦健一がこの要綱案に沿った内容の教科書を執筆した（杉浦，1951）。実際に各大学で行なわれている講義の内容は，担当者によってさまざまであり，文化人類学領域の内容が主体を占めている例が少なくない。狭義の人類学を主体とする講義もいくつかの大学で行なわれているが，専任の教員が担当している所は少なく，ほとんどが非常勤講師に任されている（「日本における人類学の教育体制の検討」研究班，1989）。

人類学の専門教育が行なわれている大学は，日本では極めて少ない。ここでは東京大学理学部生物学科と同大大学院理学系研究科生物科学専攻で行なわれている人類学の専門教育の内容を紹介しておこう。

人類学を主として学ぶものは，まず教養学部第4学期（第2学年冬学期）に必修科目3科目（人類生物学と生物統計学各2単位と生物統計学演習1単位）のほかに選択科目8単位以上を学修したあと，第3，第4学年で次の必修科目28単位と選択科目中35単位以上を学修する。（1単位の毎週時数は講義の場合は1時間，演習は2時間，実習は3時間である。）

　必修科目：　人体解剖学6，人体解剖学実習4，人体組織学実習1，人体生化学8，人体生化学実習1，形態人類学実習Ⅰ1，同Ⅱ1，人類生体機構学実習1，人類遺伝学実習1，先史学実習1，人類学野外実習135時間

　選択科目：　人類学概論2，霊長類学2，骨格人類学2，生体人類学2，生理人類学Ⅰ2，同Ⅱ2，人類遺伝学Ⅰ2，同Ⅱ2，生態人類学2，古人類学Ⅰ2，同Ⅱ2，人類生体機構学2，分子進化学2，集団生物学2，人体生理学4，人体生理学実習1，遺伝学Ⅰ2，遺伝学Ⅱ2，第四紀学2，年代学2，世界先史学2，日本先史学2，文化人類学2，民族誌2，人類学演習Ⅰ1，同Ⅱ1，同Ⅲ1，同Ⅳ1，人類学特別実験（卒業研究）6，人類学特別講義2，生物学科共通実習1（集中45時間）

　なお，大学院修士課程では自然人類学，形態人類学，分子進化学，集団生物学，人類科学の各科目の特論と演習が隔年に開講されているほか，各研究室ごとに演習と特別実験（修士論文のための研究）が行なわれている。

　参考までに，ドイツのハンブルク大学で行なわれている生物学学士課程の中の人類学専攻課程の教育内容を掲げておく（Knussmann, 1988）。（数字は半年単位の各週時間数。）

　人体の構造と機能3，人類学入門（とくに個体発生と系統発生）3，人類遺伝学入門2，霊長類学・比較行動学2，人種学2，ヒトの集団遺伝学1，社会人類学＊1，応用人類遺伝学2，ヒトの生殖生物学2，人類学コロキウム2，骨学実習3，形態変異・類似度比較実習3，人体計測・産業人類学実習3，血清学実習3，ヒト細胞遺伝学実習3，保健学・人体生理学実習2，生物学のための数学3，上級生物統計学2，生物統計学：多変量解析2，人類学ゼミナール

＊　イギリスの社会人類学とは異なり，生物学的観点からの集団研究を指す。

(選択＊) 6，人類学野外実習 10 日。

　一般的に，大学院レヴェルでの教育のうち，修士課程での教育内容は大学によってさまざまなようであるが，博士課程での教育は，どこでも指導教員の指導のもとでの研究と論文作成が中心となっている。

2　教科書・ハンドブックの類

　日本では，人類学の概括的な教科書またはハンドブックとしては，かつて
　　　長谷部言人『自然人類学概論』(岡書院，1927 年)
　　　『人類学・先史学講座』(全 19 冊，雄山閣，1938～1940 年)
が出版されたが，いずれも内容が古くなっている。比較的新しいものとしては，
　　　日本人類学会編『人類学　その多様な発展』(1984 年)
　　　佐藤方彦ほか，『人間の生物学－現代人類学』(1985 年)
がある。現在では本講座シリーズがもっとも総括的でかつ内容も充実している。

　海外で出版されているおもな教科書としては，

　　　Harrison. G. A., et al., 1988. Human Biology：An Introduction to Human Evolution, Variation, Growth, and Adaptability. Oxford

　　　Jurmain, R., et al., 1997. Introduction to Physical Anthropology. Belmont

　　　Martin, R. und K. Saller, 1957-1966. Lehrbuch der Anthropologie. 3. Aufl. Stuttgart. (本書は有名なマルチンの教科書〈Martin, R, 1914, 1928〉を K. Saller が大幅に増補改訂したものである。現在では R. Knussmann〈1988-〉によるさらなる改訂が進行中であるが，まだ完結していない。)

　分野別の参考文献については本講座の各巻を参照して頂きたい。

＊　先史人類学，女性の生物学，人類学史は必修。

6 人類学の学会組織・振興機関・逐次刊行物

1 日本の学会

　日本における人類学の代表的な学会組織は日本人類学会である。東京大学の学生であった坪井正五郎が人類学の同好の士を集めて集会を開いた1884年から数えれば，今年で115年の歴史をもつ古い学会である。はじめは考古，民族，民俗なども含む，イギリス流の広い人類学を標榜していたが，やがてその中から順次，考古学，民俗学，民族学の学会が独立して行き，1930年代の半ばごろには自然人類学と先史考古学の一部を核とするようになった。しかし，とくに関係の深い民族学と完全に分離してしまうことには，両学会の会員のあいだに懸念があり，1936年から毎年一回の総会は両学会合同で開催することとなった。この日本人類学会・日本民族学会連合大会は，太平洋戦争中一時中断されたが，戦後の1950年に復活し，第50回まで続けられた。しかし，近年の文化人類学の隆盛に伴い，大会の規模が大きすぎるようになったこともあって，連合解消の気運が高まり，1996年に佐賀で開催された大会を最後に連合大会は廃止され，それぞれの学会が独自に大会を開催することとなって今日に至っている。

　近年の日本の人類学の注目すべき動向としては，現代人の生理的機能を対象とする生理人類学と，霊長類を対象とする霊長類学の著しい発展が挙げられる。生理人類学は従来の形態学的方法にたよる伝統的な人類学の枠を飛び出し，新たにさまざまな分野の研究者を糾合しながら，快適な生活環境の構築を目的に掲げて急速に発展を続け，1978年に独自の学会（生理人類学会，のちに日本生理人類学会と改称）を設立して親学会から独立した。またニホンザル社会の長期観察の成功を機に，これまた急速に発展を続けてきた霊長類研究グループも，しだいに独自性を強め，1985年に独立して日本霊長類学会を設立し

た。

　現在，親学会である日本人類学会は会員数が約800名であるのに対して，新興の生理人類学会は約900名，霊長類学会は約600名の会員を擁している。しかし，これによって生理人類学や霊長類研究が人類学会とまったく無縁のものとなったわけではない。続けて人類学会の会員となっている研究者も多く，研究課題の内容によっては人類学会で発表される演題もいまだに少なくない。

　なお，日本人類学会は事務所を(財)日本学会事務センターに置き，評議員の互選による会長と6名の理事と若干名の幹事によって運営され，毎年1回大会を開催し，機関誌を年に6号発行している。学会には分科会の制度があり，現在，キネシオロジー，遺伝，Auxology（成長），骨考古学，ヘルス・サイエンス，進化人類学の各分科会が活躍している。

　このほか，人類学に関連の深い学際的な学会に人類働態学会，日本顔学会などがある。

2　海外諸国の主な学会

　インド　Indian Association of Physical Anthropologists
　ドイツ　Gesellschaft für Anthropologie
　オーストリア　Anthropologische Gesellschaft in Wien＊
　フランス　Société d'Anthropologie de Paris
　スイス　Société Suisse d'Anthropologie＊
　イギリス　Society for the Study of Human Biology
　アメリカ合衆国　American Association of Physical Anthropologists；
　　Biological Anthropology Division, American Anthropological Association
　カナダ　Canadian Association for Physical Anthropology
　メキシコ　Asociación Mexicana de Antropología Biológica

＊　＊を付したのは広義の人類学を対象とする学会

3 主な国際学会組織

もっとも大きな組織は国際人類学民族学連合（International Union of Anthropological and Ethnological Sciences. 略称 IUAES）である。広義の人類学の広範な分野にわたるが，自然人類学もそのうちのかなりの部分を占める。5年ごとに各国の回り持ちで大会を開催するほか，随時，テーマを限定したやや小規模な中間会議も開催している。大会の記録は，その都度さまざまな形で出版されているが，中でもとくに1973年にシカゴで開かれた第9回大会での発表内容は，全百巻に近い論文集となって刊行されている（Tax, 1975-1980）。

この国際人類学民族学連合に対して，日本国内では日本学術会議第4部に設置されている人類学民族学研究連絡委員会が対応しており，委員には日本人類学会，日本民族学会をはじめ，生理人類学会，霊長類学会など，多くの関連学会の代表が選ばれている。

生物学的人類学だけの国際組織としては国際人類生物学協会（International Association of Human Biologists）がある。国際生物科学連合に属し，大会は開催しないが，小集会を随時開催し，情報誌（Newsletter）を不定期に発行している。

このほか，専門分野別の国際組織として，国際霊長類学会，歯科人類学協会，国際皮膚隆線学協会，国際人類古生物学協会，国際生理人類学会などがある。

また，ヨーロッパ地域の国際組織として，西は英国から東はロシア，イスラエルまでをふくむヨーロッパ人類学連合（European Anthropological Association）があり，隔年に各国回り持ちで大会を開催している。

4 人類学の振興機関と学術賞

日本では人類学振興だけを目的とした振興機関はないが，多くの研究が文部

省科学研究費補助金，日本学術振興会の各種事業をはじめ，いくつかの財団の研究助成の対象になっている。

　学会賞としては，日本人類学会の「Anthropological Science 論文奨励賞」がある。学会の機関誌に掲載された論文のうち，とくに内容の優れた原著論文の著者で，かつ満 40 歳未満の者に贈られる賞である。同様の賞は日本生理人類学会や日本霊長類学会でも制定されている。

　国際的な人類学振興機関としては，ニューヨークに本拠を置くウェンナーグレン財団（Wenner-Gren Foundation for Anthropological Research）がある。スウェーデンの実業家 Axel Wenner-Gren（1881-1961）によって創設されたもので，広義の人類学を対象に，シンポジウムの開催，その成果の刊行，各種の研究プロジェクトの助成を行なっている。自然人類学，霊長類学の分野の研究や重要な国際会議もしばしば助成を受けている。

　国際的に知られた賞としては，パリ人類学会のブローカ賞，英国人類学協会のハクスリー記念メダルと記念講演，ドイツ人類学会のルドルフ・マルチン賞，ウェンナーグレン財団のヴァイキング・ファンド・メダル（1946 年から 1960 年まで）などがある。日本人では霊長類学の伊谷純一郎が 1984 年にハクスリー記念メダルを受賞し，記念講演を行なっている。

　そのほか，アメリカ自然人類学協会やヨーロッパ人類学連合には学生発表演題を対象にした優秀論文賞がある。

5　主な逐次刊行物

　以下に各国の主な逐次刊行物（学術雑誌類）のタイトルを掲げる。＊を付してあるものは広義の人類学を扱っているが，自然人類学分野の重要な論文を含んでいる。

(1)　日　本

Anthropological Science（日本人類学会の機関誌。もとは「人類学雑誌」と称

したが，1992年に第100巻を刊行した機会に名称を改め，英文誌として再発足した。当初は英文号を年に4回刊行したが，現在では和文号2回を加え，年に6回刊行している。編集には人類学会会長の委嘱を受けた編集委員長と数人の編集委員が当り，厳格な査読制度を設けている。）

　　Applied Human Science（日本生理人類学会の英文誌。年6回刊行）
　　Bulletin of the National Science Museum, Series D（Anthropology）（国立科学博物館人類研究部の研究報告。年1回発行）
　　Jounal of Human Ergology（人類働態学会機関誌。年2回発行）
　　日本生理人類学会誌（日本生理人類学会の和文誌。年4回発行）
　　Primates（日本モンキーセンター刊，季刊の英文国際誌）
　　霊長類研究（日本霊長類学会の機関誌。年3回発行）

(2) アジア

　　人類学学報（中国科学院古脊椎動物・古人類研究所刊，人類学と旧石器時代考古学を含む）

(3) ヨーロッパ諸国

　　Annals of Human Biology（英。人類生物学会機関誌）
　　L'Anthropologie *（仏。先史考古学分野の論文が多い）
　　Anthropologischer Anzeiger（独。人類学会機関誌）
　　Archives de l'Institut de Paléontologie Humaine（仏）
　　Archives suisses d'anthropologie générale *（スイス人類学会機関誌）
　　Bulletins et Mémoires de la Société d'Anthropologie de Paris （仏。パリ人類学会の機関誌）
　　Folia Primatologica（スイス。ヨーロッパ霊長類学連合の機関誌）
　　Homo（独）
　　Human Evolution（伊）
　　Human Heredity（デンマーク）

Journal of Human Evolution（英）

Journal of Paleopathology（伊）

Mitteilungen d. Anthropologischen Gesellschaft in Wien *（オーストリア）

Mitteilungen d. Berliner Gesellschaft für Anthropologie, Ethnologie, und Urgeschichte *（独）

Ossa（スウェーデン）

Voprosy Antropologii（露。国立モスクワ大学出版部）

Zeitschrift für Morphologie und Anthropologie（独）

(4) アメリカ合衆国

American Anthropologists *（アメリカ人類学協会機関誌）

American Journal of Human Biology（人類生物学協会機関誌）

American Journal of Human Genetics（アメリカ人類遺伝学会機関誌）

American Journal of Physical Anthropology（アメリカ自然人類学協会機関誌。サプリメントとして Yearbook of Physical Anthropology も刊行）

Current Anthropology *（ウェンナーグレン人類学振興財団の援助のもとにシカゴ大学出版局より刊行される国際誌）

Human Biology（ウェイン州立大学出版）

International Journal of Primatology（国際霊長類学会機関誌）

付記

　この章は本巻編集責任者の渡辺直経氏が執筆する予定であったが，原稿の完成を見ることなく氏が逝去されたため，新たに編集責任者となられた香原志勢氏のお勧めにより，十分な準備もないままに急遽執筆したものである。海外諸国に関する情報に関してはクヌスマン氏の著述（Knussmann, 1988）に負うところがとくに大きい。ほかにも多くの知友から貴重なご教示を頂いた。記して深く感謝の意を表する次第である。

参 考 文 献

Eickstedt, E. v. (1949) Vom Wesen der Anthropologie. *Homo*, 1 : 1-13.
Harrison, G. A., et al. (1988) *Human Biology : An Introduction to Human Evolution, Variation, Growth, and Adaptability.* Oxford University Press, Oxford.
長谷部言人 (1927)『自然人類学概論』 岡書院, 東京.
Horai, S., et al. (1989) DNA amplification from ancient human skeletal remains and their sequence analysis. *Proc. of the Japan Academy*, 65, ser. B : 229-233.
石田英一郎・泉靖一・曽野寿彦・寺田和夫 (1961)『人類学』 東京大学出版会, 東京.
Jurmain, R., et al. (1997) *Introduction to Physical Anthropology.* Wadsworth, Belmont.
Knussmann, R. (1980) *Vergleichende Biologie des Menschen. Lehrbuch der Anthropologie und Humangenetik.* G. Fischer, Stuttgart.
Knussmann, R. (1988) Die heutige Anthropologie. In : R. Knussmann (Hrsg.), *Anthropologie : Handbuch der Vergleichenden Biologie des Menschen.* Band I, 1.Teil. G. Fischer, Stuttgart/New York.
Knussmann, R.(Hrsg.) (1988, 1992) *Anthropologie : Handbuch der Vergleichenden Biologie des Menschen.* Band I, 1.Teil, 2.Teil. G. Fischer, Stuttgart/New York.
Krings, M., et al. (1997) Neandertal DNA sequences and the origin of modern humans. *Cell*, 90 : 19-30.
Kroeber, A. L. (1923, 1948) *Anthropology.* Harcourt, Brace & Co., New York.
Martin, R. (1914, 1928) *Lehrbuch der Anthropologie.* 1., 2. Aufl., G. Fischer, Jena.
Martin, R. und K. Saller (1957-1966) *Lehrbuch der Anthropologie.* 3.Aufl. G. Fischer, Stuttgart.
Montagu, M. F. Ashley (1960) *An Introduction to Physical Anthropology.* 3 rd ed., C. C. Thomas, Springfield.
長坂金雄 (編) (1938-1940)『人類学・先史学講座 1～19』 雄山閣, 東京.
日本人類学会編 (1984)『人類学 その多様な発展』 日経サイエンス社, 東京.
「日本における人類学の教育体制の検討」研究班 (研究代表者 中根千枝) 編 (1989)『自然人類学・文化人類学 全国の大学における講義一覧 1988年度』 (財)日本民族学協会, 東京.
佐藤方彦 (1997)『最新生理人類学』 朝倉書店, 東京.
佐藤方彦・早弓惇・佐藤陽彦・片岡洵子 (1985)『人間の生物学－現代人類学』 朝倉書店, 東京.

杉浦健一（1951）『人類学』 同文館, 東京.
Tax, S. (ed.), (1975-1980) *World Anthropology*. Mouton, The Hague.
寺田和夫（編）（1985）『人類学』 東海大学出版会, 東京.
Topinard, P. (1885) *Éléments d'Anthropologie Générale*. Delahaye et Lecrosnier, Paris.

（平成 11 年 8 月稿）

2 人間理解の系譜と歴史
——自然人類学の観点から

□ 江原 昭善

はじめに

　人類学の歴史といった場合，2つの意味が含まれていることに気がつく。つまり，人類学が人間そのものを対象にした学問であるが故に，学として成立した人類学の学史の他に，まだ学としては成立してはいないが，人間が自分自身を知ろうとした知識の歴史という2通りの意味がある。

　とくに前者の場合については，17世紀になると人間の知識が急速に拡大し深化して，それにつれて研究の方法も明確になり専門への分化が進んで，学問は近代化を遂げた。それにつれて，同じ人間を対象としながら，その人間を自然的・生物的存在と見るか，人間の所与の条件である文化的諸活動に焦点を合わせて，その位置から人間を見るかで，研究の内容もかなり異なるようになった。

　しかし人間をどう理解するか，また理解しようとしたかという視点に立つとき，人類学の歴史はさまざまな支流が合流してひとつになる。このような大きな観点から人間探求の歴史を振り返ってみると，人間が人間として物心がついて以来，ずっと「人間とはなにか」と問い続けてきたことがわかる。その問いに対していかに応えているかということから，逆にその時代や部族や民族の人間に対する理解の仕方や文化の断面までもうかがい知ることもできて興味深

い。

　本稿では人間理解を自然人類学へと収斂させていくつもりである。しかし，各時代の思考枠組みを無視することはできず，いきおい自然科学という枠組みからはみ出ざるを得ないことがしばしばあった。その思考枠組みや当時の学問レベルから人間理解がどのように行なわれたかを見ることも欠かせないという気持ちに駆られた。したがって，いささか横道に入ることも多くなったが，それも自然人類学への系譜をたどる上で，やむを得なかった。

　また，各章において扱った事項については，それぞれ専門的にもっと追求したい問題も多くあったが，与えられたテーマという軌道から外れないために，やむなく概略に留まらざるを得なかった。

　本稿を書き記しながら，人間理解の系譜を見ていくうちに，時間的な時代経過に沿って述べることが必ずしも適当でないことに気がついた。各学派が入り乱れ，いったん隆盛をきわめた学派が衰微し，ふたたび数世紀後に復活するといったことも，しばしば見られるからだ。したがって，本稿では時系列的な叙述にはこだわらないことにした。

1　人間をどう把握するか

　「人間は自分自身については，一人称か三人称で話すことができる」といった哲学者がいる。たしかに，「人間の特殊性ないし特徴はなにか，この自然界でどのような位置にあるか，人間の所与の産物である文化とはなにか」といったことについて客観的対象として外側から探求するか（三人称的対象），「自己というもの」を内側もしくは内面から探求するか（一人称的対象）によって，学問体系は大きく分かれる。言い換えれば「人間」を客観的な対象として科学的手法で研究するか，人間の精神活動のあり方やその根拠などの根元的問題について思索を深めることにより「人間」を追求するか，の違いだ。前者が人類学になり，後者が倫理学や哲学ないし哲学的人間学へと発展してきた*。しか

し人間探求という点では，両者の間に明確な境界線を引くことができないのは自明だ。そしていずれの立場にあるにせよ，共通していえることは，「人間とはなにか」という問いかけがあるということであり，それに対して，どのような観点からどのように対応し，どのように答えるかということで，両者が区別されるということであろう。

もしそうであるならば，人間が客観的に三人称で理解できる以前はどうであったかということになる。

1　人間としての目覚め

人間が生物界で特殊な地位を占めているということは，ギリシャ時代のパラダイムや旧約および新約の聖書にも見られるように，自明のことだった。その重要な人間的特徴とは，人間だけが理性と精神を持つということだった。理性や精神を最高位においたがために，それ以外の欲望に対しては，獣的もしくは低次元なものとして無視し切り捨て，無関心になるストア学派が誕生した。

しかし，さらに過去に射程を広げて，民族資料や先史資料や神話などを通じてみるかぎり，大多数の原始人や未開人は自分たち自身も自然のなかの一存在であり，そういう意味で周りの動物たちと対立してもいないし，動物たちに比べて自分たちだけがとくに優れているという認識もなかったらしい。それを裏付けるものとして，古代ギリシャの哲学者デモクリトス（Demokritos, ca.460-ca.370）によると，人間は動物から文化を，鳥から歌を，蜘蛛から網猟を学んだという。同じようなことが今日でも広く各民族で見られ，鷲や竜や虎や獅子や熊その他が，人の力を超えた超自然の象徴としてよく利用されているが，同じ流れに属するものといえよう。トーテム信仰をみても，自分たちはある特定の動物ときわめて密接に結ばれ，自分たちの祖先だとさえ考えていることがうかがえ，それが部族の帰属心を強化させる役割をも果たしている。

* カントの哲学的人間学では，認識論的に「人間は何を知りうるか」，倫理学的に「人間は何をなすべきか」，神学的に「人間は何を希望しうるか」を通じて「人間とは何か」の問いかけに応えようとした。

また原始人たちは，あたかも今日の子どもたちがそうであるように，自然界のすべての事物にも霊的な力や生命力が秘められていると考えていた（アニマティズムもしくはマナイズム*）。このアニマティズムがさらに進んだかたちとして，個々の事物には固有の霊的存在が認められるとするアニミズムが見られる。前者では漠然とした霊魂観念であるが，後者ではその霊魂が人格化されている点で，一歩進んでいるといえよう。

　これらの例を見てもわかるように，先史時代には人間は自然界では決して突出した存在ではなく，他の動物と一体化しており，自然的存在の域を出ていなかった。ではいつ頃から，どのような理由で「人間」という観念が発達してきたのだろうか。

2　原始時代は同族メンバーだけが人間だった

　ネアンデルタール人たちのあいだでは，すでに埋葬を通じて「死」を知っていたと考えられる。ついいましがたまで，生の此岸にいた親しき人が，ある瞬間を境として突如として死の彼岸に立っている。だから彼らはすでに死の世界を実感していた。そして埋葬を通じて，喜怒哀楽の情も発達していたと考えざるを得ない。いや，喜怒哀楽の情が発達していたからこそ，埋葬という行為となって儀式化され日常化されたといってもよいだろう。そういう意味では，彼らはすでに「人間」として目覚めていたといってもよい。

　では，彼らは「人間」をどのように理解していたのだろうか。推測の域を出ないが，まったく手がかりがないわけではない。

　古代の人間の自己把握は，「人間とは，その部族に帰属するもの」であった。たとえば古代エジプト人の間では，自分たちだけが人間であって，他国人は人間ではなかった。古代ギリシャでは自分たち以外の異邦人はバルバロス（バーバリズムの語源になる）と称し，すでに民族中心主義のはしりが見られる。中国では漢語を話す漢民族だけが人間で，周囲はすべて東夷・西戎・南蛮・北狄

＊　メラネシアはじめ広く太平洋諸島に見られる非人格的・超自然的な霊の観念。

だった。今日，どの民族にも普遍的に見られるいわゆる自民族中心主義や中華思想はその名残だといえよう。

　もっともヘロドトス（Herodotos）＊のように，すでに諸民族を客観的に比較する目をもった人物もいたことは知られている。医学の祖といわれているヒポクラテス（Hippokrates, ca. 460-375 BC）のように，「民族の性格，習俗，精神的活動は，風土や地理的条件に影響される」と考えた人物もいた。後ほど改めて述べるように，ソフィストたちもこのことに気がついていた。民族間の相違よりも，人間としての共通性の方がはるかに決定的だと考えていたのである。

3　みずからの由来をたずねる試みが意味するもの

(1)　みずからの由来探求は普遍的行為

　それにしても，自民族や自部族を中心に据えた自民族中心主義や中華思想には，必然的に自分たちの出自を優れたものにしておきたいという意図が読みとれるし，とくに彼らの同族心や帰属心を強化する傾向が普遍的に見られることは興味がある。

　古い記録によると，人類が人間として物心がついて以来，例外なくつねに自分たちの由来を尋ね，素性を求めてきたことがわかる。ひるがえって，今日いかなる民族や部族を見ても，かならず神話や伝承をもっており，そのなかでみずからの祖先について語り，みずからの出自を述べている。天地創造神話や日本のいざなぎ・いざなみの国造り神話もその例外ではない。

　でもどうして，このように自分たちへの問いかけは，人間にとって普遍的なのだろうか。人間になる過程で獲得した「知る」という行為自体が，自分自身の由来をも知らずにいられない衝動を隠し持っているからだろうか。かりにそうであったとしても，そもそもの初めからそうであったはずはなく，もっと当時の日常の生活に即したものであったはずである。というのも，知的活動は最

＊　紀元前5世紀のギリシャの歴史家。著書「歴史」のなかで東方諸国の歴史や伝説，アテネやスパルタなどの歴史を記した。「歴史の父」と呼ばれる。

初から単に人間の知的満足を得るがためのものだったとは考えにくいからだ。

　きびしい環境下で，体力的にも決して優れているとはいえない人類が，凶暴な外敵や動物たちと競り合い渡り合いながら，食や住処を確保し性や育児を全うするためには，経験と工夫と知恵が欠かせなかったことはいうまでもない。けれども，もっと奥深いところに，なにか特別の理由ないし根拠があったのではなかろうか。

　そのような視点に立って改めて考えてみると，たしかに自分たちへの問いかけに対してどう応えるかといった知的活動は別として，その背後には思いがけない，もっと深刻で大切な事情があったことが浮かび上がってくる。

(2)　生存戦略と同族心の強化

　人類が人類になった頃からすでに，ゴリラやチンパンジー以上に，彼らはたとえば家族のような，きちんとした社会構造をもった集団ごとにまとまって住んでいた＊。旧石器時代のどの部族についてもまったく同様だ。その生活行動域のなかにある山や川や森，そこで収穫できる果実や木ノ実や穀粒その他の植物，肉や皮を提供してくれる動物や魚介類などのいっさいの恵み（生態条件）は，先祖代々彼らが受け継いできた生き延びるためには欠かせない共同遺産でもあった。先祖たちの霊や言い伝えや掟は，いつもそのなかに生きており，生活の指針を示し，自分たちをも含めて生態条件全体を守護してくれている。いうなれば，彼らの生活域は，祖先たちと自分たちと共同遺産とが一体化した，一つの世界を形成していた（アニミズム的世界）。それが彼らの現実世界（リアリティ）でもあった。

　そのような世界の中で生活するかぎり，彼らにとって，長年かかって蓄積されてきた経験や築き上げられてきた風俗・習慣・伝統や，祖先からの言い伝えや伝承などをしっかり守っておりさえすれば，生きていくべく大きな問題や障害はなかったはずである（もし障害があれば淘汰されたはず）。

　　　＊　人類がいかにして家族的構造をもつにいたったかについては，まだ議論の分かれるところである。ただ，このような流れの中で血縁や家族を中心とする部族へとシフトしていったことは間違いない。

けれども，この世界のいずれかの部分でも他の部族によって脅かされることは，とりもなおさず彼らの生死にかかわることでもあった。そこで彼らは，祖先を共有し血を同じくするという強固な同族的・仲間的意識を強化させる必要があった。その意識を軸にして，内に向かっては団結し，外に向かってはかたくななほど排他的・閉鎖的にならざるを得なかった*。

このような傾向は，今でも人間の深層にそのまま残っており，小は仲間意識から大は国家意識や民族意識となって，さまざまな問題を引き起こしているといえよう。現在，世界的にクローズ・アップされてきたエスニシティや宗教・宗派問題なども，このような視点から再考する必要がある。

いずれにせよ，自分たちの由来を求め，祖先を共有するという同族意識は，このようにして，自分たちの生態条件を維持し生存を保証するための，適応戦略だったのである。このように見てくると，人間にとっての外敵は，野獣というよりも他部族の人間であったといった方が，はるかに適当である。

すでに述べたように，彼らの世界観ではまだアニマティズムやアニミズムやトーテミズムが支配的であり，ヒトと動物は一体化して考えられていた。ギリシャ時代に入って初めて，ヒトは動物とは違った存在として認識されるようになり，部族的な神からの離脱が始まった。それには人間の知的活動の能力が，ある程度高まっていることが必要だが，ルロワ・グーラン（A. Leroi-Gourhan）によると，後期旧石器時代には，すでに具象的な彫像や絵画の他に，幾何学的文様を骨角器などに刻んでいるが，この事実から彼らには，すでにある程度の抽象的な思考と精神的な行動や生活をしていたことが推測できるという。

このようにして，古代都市が出現するまでは，各部族はそれぞれの生活域を持ち，祖先を共有し血を同じくするという集団帰属心で団結していた。この段階では，「人間とは，自分が帰属する集団の成員」のことだった。各集団や部族間の違いは認識できていたとしても，「同じ人間である」という認識はな

＊ 人類は霊長類のなかでも，未熟状態で生まれ，成長に時間がかかる特殊なサルである。そのため，とくに育児ケアが要求され，その分だけアカンボの方でも母親や肉親や血縁者などへの集団帰属性が強く発達したと考えられる。

った。つまり自分たちの集団は人間であっても，他集団のものは人間ではなかったのである。外見や言葉や服装や生活や行動習慣などによって，他部族と区別することはあっても，同じ人間であるという認識どころか，むしろ外敵だった。この認識が，集団の生存戦略につながったことはすでに見てきたとおりである。そして，この系譜が後世の民族中心主義，ヨーロッパ中心主義，中華思想へとつながる。一見しただけで，不道徳で粗野で迷信的で残忍で不誠実で貪欲に見える他部族の連中を，とうてい自分たちと同じ人間とは認め難かった。

　どの民族や部族も優秀さを自認すべく，自分たちの欠陥を他部族に投射し，その結果他者となった諸悪や欠陥を憎み，軽蔑する傾向を強く持つようになった。その根底には自己愛と自己優越感がある。この傾向が後世になっても，神の使命を受けた選民思想へとつながり，隣人愛へと昇華した経緯は，よく指摘されていることである。

(3) 古代都市の出現と人間の意識的変化

　ところで古代都市が出現すると，人間の意識にも大きな影響を与えずにはすまなかった。それまでは狩猟採集を生活の主軸にして，各部族がそれぞれ自己完結的に独立していたが，農耕・牧畜生活をするようになり，生産性が向上し，さらにいっそう生産を向上させるために，急激な人口の集中と増加が見られるようになった。個々の部族の自己完結性は崩壊せざるを得ず，各部族が持っていたそれぞれの風俗習慣や伝統はまとめられ，共通の神を祭る神殿が建設されて，異なる部族神はより大きな神に統合され，指導者はその神と部族の成員たちすべてを統括することになった。神殿は各部族を統合するシンボル的存在になったのである。

　このようにして増大する古代都市の人口を維持すべく，灌漑が発達し，生産はいよいよ向上し，生産物を管理・計画する官吏が誕生した。さらに，社会的秩序を維持すべく法律も工夫され，その秩序を維持し外部の敵からの略奪を守るべく，軍隊も生まれた。もはや部族時代とはすっかり異なり，食物の獲得は各自で行なわなくとも，生産者や運搬者と消費者を結ぶ交易や市場が発達し，

物資獲得の手段として，狩猟道具や農機具の代わりに貨幣がその役割を果たすことになったのである。

このような古代都市においては，自分が帰属する部族の成員だけが人間であるという頑固な孤立的意識はもはや成り立たず，崩壊せざるを得ない。エジプトの壁画にも見られるように，皮膚の色も衣裳や風俗も言葉も異なる部族たちが共存し，職業の社会的分業も発達し，やがて官吏が神官にとって代わるようになった。これが古代都市であり，そこでは他部族の成員も人間であると認識されるようになったとしても不思議ではない。

このような事情を考慮しただけでも，異邦人や未開人といえども，彼らなりの文化や法律や神を持つというソフィスト学派（後述）の見解はしごくわかりやすく，現実的である。異邦人や未開人といえども人間としては同格であるというソフィストたちの主張も十分うなずけよう。

だからソフィスト学派の方が，この後に述べるソクラテスやプラトンの思想よりもはるかに近代に通ずるものがある。しかし，プラトン主義では普遍的真理や神を人間の外に置くことから，次の時代に続くスコラ哲学やキリスト教ともなじみやすく，中世を通じてソフィスト学派の思想は，まったくといってよいほど排除されてしまったのである。

●────2　ギリシャの人間観──個人としての人間観の確立

1　神から離脱した自然観

アニマティズムやアニミズムのように，すべてを超自然に依存する世界認識から，理性が活発化し知識が集積されてくるにつれて，自分たちを支配していた超自然の力に背を向け，知的に自然を理解しようとするのはしごく当然の勢いである。こうしてしだいに理性の働きが重視され，その実利性が認められて，理性が優位に立つようになった。

古代オリエント文化では，すでに測量や占星術，天文や建造術や灌漑術などのように，実用性が中心となっていたが，ギリシャ文化ではヘロドトスの言葉に代表されるように「ただ知るために」が推進力になった。ギリシャ人たちは知のための知を求めた最初の人間であったといってもよい。

オリエント文化では全宇宙を統一している力が，そのまま縮小されたかたちで人間にも認められると考えた。人間を「小宇宙」とみなす発想もここに源がある。それに対してギリシャ文化では，人間を理性を持つ唯一の存在とみなし，理性と自然を対峙させた。

たとえば，ミレトス生まれのギリシャ哲学者タレス（Thales, ca. 624-546 BC）は初めて，アニミズム的な神の存在を説明原理にするようなことはなく，人間にのみ与えられた理性の力で，世界を唯物的に説明しようと試みた最初の人物である。タレス以降，続々と唯物的立場に立って自然を説明しようとする哲学者・思想家が輩出した。彼の弟子のひとりアナクシマンドロス（Anaximanndros, ca.610-546 BC）の思想には進化思想さえうかがわれる＊。

2　人間こそ万物の尺度

クセノファネス（Xenophanes, ca. 570-475 BC）の見解によると，人間はみずからの努力で，文化，社会，そして神までも創造したという。そういう意味では，プロタゴラス（Protagoras, ca. 500-430 BC）はもっと徹底していた。彼によれば，われわれは神の存在を知るすべもない。そのような存在の有無すら証明できないような神を説明原理とした考えは，無意味としかいえないといって，この類の無用な思索や議論はすべて排除した。そして，人間こそ「万物の尺度」であり，神に代わって人間から世界を説明しようと試み，それまでの神は彼の思索や自然界の説明原理から姿を消した。

タレス以後，このようにして人間の知的活動は，部族神や信仰を離れて理性

＊　すべての地上の生物は水中で誕生した。人間は元来サカナに似ていたか，もしくはサカナのなかで生まれた。やがて陸上生活ができる体勢になったときに陸上に這いあがった，という。この考え方は今日でもある程度通用するほどのものであろう。

をのみ頼りとして，まずは主として宇宙や自然について知ることであった。そしてようやく人間と真っ正面から取り組むようになったのは，ソクラテス以後といってもよい。

3　ソフィスト学派の台頭 – 個人の確立

　人間に与えられた理性でもって，自然やその起源について論ずるのは，いうなれば人類の人間としての頭脳的訓練という点では，有用であったかも知れないが，実際生活にはあまり役には立たなかった。しかし，アテナイに民主主義が誕生し，それに合わせて政治的にも社会的にも制度化が進んでくると，教育や法律や修辞法（演説技術）や社交技術などが，その社会で成功する必須条件になった。こうして，紀元前5世紀頃には，法廷弁論や修辞学などを教えることを職業とするソフィストたちの需要がいちじるしく増した。

　彼らにとっては，知識はヘロドトスの言うような「ただ知るためにのみ」ということだけでは満足できなかった。それまでの古い役立たずの知識や思想には懐疑的になり，積極的に処世術を身につけ，自分が所属する社会での立身出世のための手段が知識であると考えるようになった。

　ソフィスト学派の代表者のひとりであるプロタゴラス（前出）は，絶対的真理など認めようとせず，「普遍的真理などどこにもない。すべては相対的である。だから人間こそが万物の尺度なのだ」とまで言い切ったのだ。そのようなことから，ソフィストたちは民族間や部族間の相違も相対的なものであり，むしろ人間として共通性の方がはるかに決定的であることを発見していた。そういう意味では，このソフィスト学派の思想は近代にも通ずるものであるが，後に述べるプラトン主義により，詭弁学派と蔑んで中世を通じて排除されてしまった。

　このように，ソフィスト学派は文化の相対主義の立場をとる。彼らによれば初期の文化や社会は同質でまとまっており，未分化の状態だった。言語や家族や道徳や宗教はこのような初期段階に誕生した。やがてそれらが分裂し，新し

い社会がいたるところに出現し，それぞれが自分たちの社会に応じて法律や経済や道徳や宗教を発達させた。そのような意味で，ソフィストは進化主義者でもあった。

　しかしながら，この一見啓蒙主義的ともみえる文化の相対主義的見解は，結果的に社会的虚無に陥らざるを得なくなってしまった。彼らの理念と論法では，法律も道徳もその他さまざまな文化的営為も，その本質を理解することはできない。なぜなら，すべてがその場かぎりのものになってしまい，真理に匹敵するようなものは何も存在しないのに等しいことになるからだ。そのようなことから，ソフィスト学派は詭弁を弄する一派として，長らく誤解されるようになったのである。

　しかしここには，ギリシャ人たちが，理性を前提として，みずから確信したものに従う傾向が明確に見て取れる。それまではアニミズム的な，またはアニマティズム的な信仰や昔から伝えられた慣習に従って行動し，それが理性的に正しいかどうかは問題外だった。だが，ソフィストも含めてギリシャ人はそれだけでは納得できず，みずからの理性を信用し，その理性に従って行動し生きる人間こそ，まことに個人的に確立された人間であると考えたのである。このギリシャ的人間観の中に，すでにみずからの持つ理性を尊重した「個人」としての人間の確立がはっきりと見て取れるのである。

●＿＿3　ユダヤ教・キリスト教が人間観に及ぼした重要な影響

1　自民族中心主義からの脱皮

　キリスト教文化圏では，キリスト教に帰依したものだけが人間であり，異端者は人間とはみなされなかった。それが原因となって，数次にわたるイスラム教徒討伐のための十字軍の遠征となった。また，後ほど改めて述べるように，アメリカ大陸発見時には，アメリカ・インディアンが人間であるかどうかが問

題となり，教皇パウルス3世の1537年の教書では，カトリックの信仰とサクラメントを受け入れることができるかどうかが人間の資格とみなされた。この経緯は，現在も形を変えたエスニシティに基づく地域紛争や宗教観の争いとなって継続している。

　ギリシャ人の間では，すでに述べたように，とくに自民族中心主義が強く，他民族はすべて異邦人もしくは野蛮人とみなし，社会的には奴隷の地位がふさわしいと考えた。しかし民族学や歴史学の祖といわれるヘロドトスによると，エジプト人の間でもギリシャ人と同様に自分たちを取り巻く他の民族を異邦人とか野蛮人とみなす習慣があり，そのことから「異邦人」が相対的な概念であることを知った。民族の風俗や習慣や性格，行動様式や精神活動や価値観などは風土的・地理的条件で形成されるものだと考えた彼には，異邦人や野蛮人という考え方は絶対的なものでないということになる。

2　ヒューマニティの概念の確立

　ストア学派では，あまりにもギリシャ中心的な考えを拒否して，異邦人という概念に対抗して，既存のあらゆる民族を通じて，理性に従う人々によって構成される共同体という概念を導入した。その成員は部族や民族にかかわりなく「同族人」とみなしたのである。ローマ時代に入って，キケロ（Cicero, BC 106-43）は人間らしさ humanitas という言葉を流行させ，人間の対立概念としての異邦人を排し，人間らしくない人間 inhumanus を採用した。この系譜はルネッサンス期に受け継がれ，humanism（人文主義）が誕生した。人間は本来的に神に比し過ちを犯しやすく，情欲におぼれやすいといった弱点をもっており，神に従属し帰依する中世的なキリスト教的 humanitas から古代への回帰を願ったのがルネッサンスである。

　話は元に戻るが，もし旧約的・ユダヤ教的考えに立てば，世界には唯一の神しか存在せず，とすればそれはすべての人間の神でなければならない。つまり人間は共通の神の子であり，神により一体化した人間は共通の運命を持ち，こ

こに初めて各部族や各民族による個別的な歴史から，全人間共通の「世界史」が存在しなければならないという考えに到達することになった。それ故「神に導かれた全人類の歴史」というユダヤ教的・キリスト教的思想は，人間認識の歴史の上では高く評価すべきであろう。その神により，人間はひとつになったのである。

● 4 ソクラテス，プラトンの思想——人間のアレテ

1 ソフィストへの抗議

　ソフィスト学派が文化の相対性を主張し，普遍的真理の存在を否定し続けたことから，一面では近代にさえ通ずるほどの思想を展開しながら，虚無的にならざるを得なくなったことはすでに述べた。

　どの社会にも通ずるような道徳規範などは存在せず，また社会的成功がすべてであると説くソフィストのゆきすぎた思想は，やがてソクラテス（Sokrates, 470-399 BC）やその弟子のプラトン（Platon, 427-347 BC）によって嫌悪され，徹底的に排斥されるようになった。いかに文化や社会の形態や道徳規範が相対的で多様性をきわめようとも，それらを超越した普遍的な価値によって，それらは導かれていると主張したのである。

　ソクラテスは，デルフォイの神殿入口に高く掲げられたアポロンの神託に興味をもった。それは太陽神アポロンの神託で，当時のギリシャ人の生活を規定するほど力を持っていた。ソクラテス自身は信仰者というわけではなかったが，「汝自身を知れ」という言葉につよく惹かれた。「永遠で偉大な神に比し，人間であるお前は，なんと小さく卑しく儚い存在だろう。そのことを謙虚に知るものだけが，アポロンの加護と恩恵を受ける資格があるのだ」というのが，「汝自身を知れ」という神託の意味である。

　ソクラテスによると，神が人間に向かって「汝自身を知れ」というのは，人

間にとっては自分自身つまり「人間とはなにか」を知れということになる。ソクラテスは日頃，人間にだけ与えられた理性により，自分自身つまり「人間とはなにか」を求める努力こそが重要であると主張していた。以来，ソクラテスはこの言葉を座右の銘にした。この思想は18世紀になってスウェーデンの博物学者リンネにより復活するが，それについては後ほど改めて述べることにしよう。

ソクラテスもその弟子プラトン（Platon, 427-347 BC）も，普遍的価値の存在を強調した。たとえば犬にはさまざまな種類のものがいる。たとえ大きさや毛並みや品種がいちじるしく違っていても，三歳の童子ですらひと目で犬として認めることができる。これは人間の心の中に理想的な犬というイデーがあるからだ。その理想的な犬は現実には存在しないが，そのなかに犬の本質をすべて持っているから，どのような犬を見ても即座に犬として認識できるのだという。それをソクラテスやプラトンは，「犬のアレテ（arete）」とよんだ。すべての事物にはアレテがあり，人間には人間のアレテつまり人間としての普遍的価値がある。それを追求すべきだというわけである。人間はこのような本質観念を誕生時に持って生まれてきた。その観念は人間や自然や宇宙を創造した超越的な原動力である創造神が人間に与えたものであるという。

ソクラテスやプラトンの思想によると，普遍的真理は人間や事物を超越した存在であることになり，それがスコラ哲学により聖書的人間観として強調され，ヨーロッパ文化の源流の一つになった。理性すらも創造神から人間に賦与されたものであり，中世キリスト教と結びつきやすいものだった。そのようなことからソフィスト学派は中世を通じてすっかり排除されてしまった。しかしながらソフィスト学派の思想の方が，近代思想とくに文化の相対性を強調する文化人類学などと，はるかに結びつきやすい性質を多分に持っていたことは，すでに述べたとおりである。

2　アリストテレスの人間観

プラトンの弟子であるアリストテレス（Aristoteles, 384-322 BC）の研究分野はきわめて広く，生命観や人間観や社会観も，きわめて興味深いものがある。彼によれば，「社会は人間の物質的要求をはるかに超える存在価値を持ち，つねにより善き生活のために存在する」と強調している。それはソフィストが考えるような人為的なものでなく，自然の存在であり，人間が持つ社会性により創造・構築されたものである。

その社会はまた，プラトンの考えとは違って，超越界を介して説明できるものでもない。かりにプラトンのいうような超越界があったとしても，それは人間と社会にとっては無縁のものであり，いわば経験主義的に「社会は精神状態でなく，観察・分析されるべき実体のあるリアリティである」という。

アリストテレスの生物学体系は，自然階梯説に見るように一見系統論的なところもある。しかし，根底にはその指導理念として「霊魂」というものがあり，それが生物界を動かす原動力になっていると考えていた。その指導理念はともかくとして，彼は経験主義的に多くの生物を，実に正確かつ精細に観察しており，その記載はそのまま現在でも通用するほどである。「生物学の父」といわれる所以であろう*。

3　キニク学派の人間観

プラトンとほぼ同じ頃のディオゲネス（Diogenes, ?-323 BC）は，ぶどう酒の樽を改造してそこに住む，奇行とさまざまなエピソードで知られる人物だった（「樽のなかの哲人」と呼ばれた）。彼はプラトンにもかみついている**。その

---

*　彼の Historia animalium（動物誌）では，Man, Ape, Monkey, Baboon の 4 種類が区別されており，それぞれについて，姿勢・手足の構造・睫毛の有無・臀部の発達状態・生殖器の形態特徴などを詳細に比較している。ヒトではふくらはぎの発達が著しいといった記載など，着眼点の鋭さに驚かされる。

彼に代表されるキニク学派では，当時のあまりにも進みすぎたギリシャ文化やその価値観やプラトン主義に対して批判的だった。彼にすれば，有名なアトラスの兄弟のプロメテウスは，天上から神の火を盗んで人間に与えた，つまり文化をもたらしたということで，賞賛されているが，そのためゼウスの怒りを買い，コーカサス山に鎖で繋がれた彼の姿こそふさわしいという。ギリシャ文化にがんじがらめに縛られた姿は，プロメテウスの姿そのもので，むしろそのような束縛から解放された自由な異邦人の方がすばらしい。理想は遠い国にある，というのである。

　この考えは，18世紀の啓蒙思想家ルソー（J-J. Rousseau, 1712-1778）が文明を人間の堕落と断じ，「自然に帰れ」と唱えた考えと一脈合い通ずるものがある。

　キニク学派のなかでも極端な論者は，人間にはすばやく逃走する器官も，攻撃の器官も，身体を保護する毛も爪もない。だから昔の野生にもどれという。しかしプロタゴラスによると，逆にそれらの欠陥を補うべく，人間は文化的なもので装備したのだという。ディオゲネスは身体と精神の協調こそが人間の特徴であり，プロタゴラスのいうような欠陥の補償としてだけでなく，直立二足歩行，舌の動き，両手の働きなどにより，人間は他の動物よりも恵まれた存在なのだと指摘している。これらの見解の相違は，今日の人類学者のあいだでもそのまま散見するもので，興味がある。

4　医学の父ガレノス─生物学的人間観

　小アジアのペルガモン生まれの医学者・哲学者であるガレノス（Galenos, ca.129-193 BC）は，当時の医学知識を集大成し，とくに解剖学・生理学の基礎を築いたことで知られる。彼は解剖の資料を広く世界に求め，その正確な剖検

＊＊　プラトンがみずから開校したアカデメイア（歴史上最初の学校といわれる）における講義で，人間について「二本足で歩く羽根のない動物」と説明した。ディオゲネスは羽根をむしり取った鶏をアカデメイアに持ち込み，これがプラトンのいう人間だといった。プラトンは慌てて「蹴爪がない」という特徴をつけ加えたというエピソードがある。

記録から，ある種の monkey や Baboon や Orang を解剖していたことが判明しており，さらに（E. Tyson, 17世紀）によれば，テナガザルも解剖していたという。

彼の仕事の現代的意義としては，「Man と Ape の類似性は，Ape と Baboon や Monkey よりもはるかに大きい」ことをすでに指摘していることである。この事実は19世紀の Th.Huxley にもそのまま引用されている。ハックスリーのこの部分が，いろいろな人類学の教科書に引用されているが，そのオリジナルはガレノスにあるといねばならない。

● 5　ルネッサンス期の社会的個人としての人間確立

1　社会的個人としての人間

ローマ帝国は拡大とともに人口は150万にもふくれあがり，その都市としての機能はアテネとは比較にならないゲゼルシャフト的社会関係を創り出していた。中世になると，神聖ローマ帝国（962 AD 誕生）の Regnum という国権的秩序に対して，Society（同業・同輩の仲間による積極的・能動的な結合）と Community（庶民たちの間の直接的な社会関係と集団）やギルドなどが同時的に誕生し，複雑化した都市の秩序を作り上げるのに役立つようになった。大学機関の誕生もこの頃からである。このようにして人間の概念を支える機軸のコペルニクス的転回は，ローマ的中世の社会関係の体内から，深く静かに展開し始めていたのである。

パウロ以来，中世を通じての厳格なキリスト的教義によると，人間はアダムの子として原罪を背負って生きている。その原罪を負った人間は，肉と霊の対立に苦しむことになったが，やがてその肉とは性という狭い意味に解釈されるようになった。つまり，原罪とは性に対する罪ということになった。

しかし人間は神に比べれば，もともと過ちを犯しやすい存在であり，とくに

情欲に溺れやすい弱点を持っている。それが人間のありのままの本性なのであり，したがって神に従属し帰依する中世キリスト教的な厳格でいびつな人間から解放されて，古代の素直な人間に回帰を願うところから，ルネッサンスが始まったといってもよい（人間復興）。

けれども一方では，ルネッサンスまでのイタリアでは，中世の宗教や社会に縛られてはいたが，逆にその規制のなかで行動し考えておりさえすれば問題はなかった。そのしきたりや掟を排除し，中世キリスト教的人間観から人間を解放することで，ギリシャ時代の「理性的な個人」と違った意味で「社会的な個人」の確立が可能になったといえよう。それには上述の society や community やギルドなどの中世ヨーロッパ的な社会構造も大きく関与していたことは明らかである。

ルネッサンスと啓蒙主義は，人間は神の国の一員であることに満足せず，人間界の主人たろうとする主張である。しかしルネッサンス時代は，神中心と人間中心の思想が，ともにその足下が揺らぎ始めた時代でもあった。

2　科学的知識の発達

プトレマイオス（Ptolemaios, ca 85-ca 165）以来，地球は宇宙の中心と信じられていた。約1,400年にわたって権威を保ってきたその天動説は，コペルニクス（Copernicus, 1473-1543）によって崩された。人間中心に考えられていた地球は，太陽を中心に運行する星のうちの1個に過ぎなくなった。ブルーノ（Bruno, G., 1548-1600）はさらに一歩進めて，コペルニクスは地球中心を太陽中心に置き換えたに過ぎない。宇宙には制限がなく，太陽も数多くある星のうちの一つに過ぎず，したがって太陽だけが中心ではない，と主張した。こうして，人間中心的な考えや人間の唯一性への信仰がしだいに崩れ始めることになった。神は人間だけでなく，宇宙や生命を広く支配する神になった。それゆえ人間中心的な神を奉ずる教会は，ブルーノを火あぶりの刑に処した。同様の見解を示したゲーテ（J.W.von Goethe, 1749-1832）は教会から破門された。

しかし人間中心主義は18世紀には猛威を振るう。「太陽は人間が凍えないために，そして人間がすべてを見ることができ活動できるように輝き，月は人間が夜でも動けるように輝く」。まるで，コルクの木がブドー酒の瓶の蓋ができるように成長して，人間の役に立つかのようだ。

●＿＿6　人間観をめぐる啓蒙思想とロマン主義との対立

1　ひとつの不可分の人類

イエズス会のラフィトー（Lafitau, J.F.1670-1740）は，1724年にアメリカ原住民の風俗や習慣について報告し，原住民が文化も法律も神も持たない人間だというのに反対し，彼らにも彼らなりの文化や神があり，それを外観だけ見て判断するのはまちがいであると指摘した。ソフィスト学派の主張を思い出していただきたい。かくして「一つの不可分の人類」という思想に到達した。その後この思想は2方向に分岐した。啓蒙主義思想とロマン主義による解釈の違いである。

2　啓蒙主義の人間観

啓蒙思想によると，人類はさまざまな人種や民族というかたちで，この地球上に存在している。人種は形質的に皮膚の色，毛髪や虹彩色，頭形や顔形，身長や体型を異にし，民族的には社会の構造や生活様式，風俗や習慣，言語や宗教，道徳や価値観なども異にする。しかしながら彼らは人類として一つなのだから，それらの見かけ上の違いの奥に，普遍的な人間の姿があるというのだ。だからそれらの見かけ上の違いを生じさせている特徴をそぎ落とし抽象化すると，そこに普遍的人間像が得られるのだと主張する。この考え方は，ソクラテスやプラトンの考え方をそのまま再現しており，さまざまな現象の奥に普遍的

な真理もしくは法則があるという近代科学の見方につながるものがあり，その先駆となった。

3 ロマン主義の人間観

　ロマン主義はこのような考えに強く反発し，啓蒙思想が発見したと信じている普遍的人間など幻想に過ぎず，どこにも存在しない。存在するとすれば，現実にではなく理念的に存在するだけだ。人間は単なる人間一般として現存するのではなく，有色人種か白色人種か，男か女か，大人か子どもかで存在している。このような具体的なあり方において初めて，人間という概念は現実的なものになるという。

　人体は変異の集合体のようなものだ。たとえば，人体解剖を経験したものは誰でも同じ印象を強く受ける。図譜をもとに解剖を進める際に，どの特徴ひとつを見ても，大小さまざまに図譜から外れており，図譜どおりになっていることはまずない。そういう意味では，図譜に描かれた人体は普遍的人体のようなものである。この変異の理解がないと，解剖のメスはまったく進められない。啓蒙思想とロマン主義の違いは，これに類似する。

　いずれの立場に立とうとも，ある特定の民族が他よりも優れているとは主張せず，すべて平等であると考える点では共通している。ただ，啓蒙思想では民族間の違いはどうでもよいが，ロマン主義では各民族がみずから自然のなかで自分の特色を利用し自分の地位を主張している。その違いを認識した上で，平等を主張しているのである。「どの人間も民族も，すべて人類という一大オーケストラのなかの不可欠の楽器であって，人類という全体を構成するために必要な，平等の価値を持つ構成要素」と考えればよい。ロマン主義の代表者のひとりであるゲーテは，この辺の事情を「すべての人間が集まってこそ，我々は人間的なものを生きるのであり，真の人間とは全人類の他にない」という。

　そのようなことから，ロマン主義では倫理的観点から，普遍的人間像のために自分の特徴を否定し抑圧するようなことがあってはならないと主張する。人

間は個々人の独自性を誇りに思って自覚すべきであり，相違性のなかにこそ人間の貴重な個性があり，計り知れない意義を持つという。

それに対して啓蒙主義では抽象化された普遍的人間像こそが求められるべき理想であり，その観点からは各人は根本的に平等であり，見かけ上の違いに重きはおかないということになる。

しかし，両者の主張はしだいに先鋭化し，ロマン主義は科学や技術の近代化の路線からしだいに排除されていく。

●__7　大航海時代と諸大陸の発見による人類概念の確立

1　中世における異国文化との交流

もちろん中世にも多くの異国への旅行者はいた。ローマ帝国は4世紀末にキリスト教を国教とし，以後ヨーロッパの思想や学問はキリスト教により強く支配されることになった。11世紀になると，西欧諸国のキリスト教徒は，異教徒であるイスラム教徒討伐と聖地パレスチナ，とくにエルサレムの回復を名目として，十字軍を結成し，1097年以来7回にわたって遠征を繰り返した。しかし，サラセン文化を持つイスラム教圏では，当時のヨーロッパ人よりはるかに視野の広い自由な人間観をもっていることを知るきっかけにもなった。そのようなことから，当初の宗教的目的は果たせなかったが，しだいに現実的な利害関係に左右されるようになり，イタリアやハンザ諸都市がじかにイスラム圏と通商するまでになった。

ちょうどこの頃モンゴル帝国が勢力を広げ，ヨーロッパとアジアが直接接触するようになった（13世紀）。そしてフランチェスコ会やドミニコ会の宣教師たちがさかんに中央アジアや中国にまで布教に赴くようになった。その結果，異国情報もさかんにヨーロッパにもたらされ，それが刺激となって，マルコ・ポーロ（Marco Polo, 1254-1324）のような商人たちも，アジアに大旅行するよ

うになったのである。彼の口述筆記された「東方見聞録」は大評判となり，ヨーロッパ人の東洋観に大きな影響を与えた。

このようにして，中世も決して文化的に孤立していたわけではなく，ヨーロッパ，アフリカ，アジアとのあいだに，活発な交流があったことが知られている。

2　新大陸発見

中世も終わりに近い頃，ヨーロッパの人々は，とくに航海を通しても，広い地球の他の地域を知る機会がいちじるしく多くなった。それにつれて，今まで想像すらしなかった異民族や異人種と遭遇する機会も多くなり，異文化の風物や人間についての知識も急速に増えていった。

ヘンリー航海王（ポルトガル王ジョアン一世の王子。ポルトガル名エンリケ Henrique, 1394-1460）やコロンブス（C. Columbus, ca.1446-1506）やヴァスコ・ダ・ガマ（Vasco da Gama, ca 1469-1524, ポルトガル人。1492年喜望峰を回航して，1998年にインドの西岸カルカッタに到着。東南アジアの諸島発見）らにより，ヨーロッパやアフリカ以外の他の大陸や諸島が発見されるようになったことはよく知られている。

もちろん，このように急速に異国への航海が増えた背景には，造船や航海技術が長足の進歩を遂げたという事実がある。このような背景に加えて，コペルニクス（Nicolaus Coperunicusu, 1473-1543）による地動説などから，大航海が刺激され，コロンブスのアメリカ大陸発見につながったことは有名である。

このようにして「人間についての広い知識」や「人類学」は，異国の諸人種や諸民族との出会いや，さまざまな風物や習慣を知ることを通じて形成されてきたといっても過言ではない。だから，大航海は人類学の発展にとっても画期的な要因のひとつになった。

3 アメリカ・インディアンは人間ではないのか

　ここで人間認識の歴史にとっても，避けて通れない大問題が惹起した。アメリカ大陸発見に際して，その大陸にすんでいた土着のアメリカ・インディアン（インディオ）が人間かどうかが，センセーショナルな大論争になったのである。ほとんど裸に近い状態で生活し，食人や人身御供の風習があることを知ったときには，コロンブス自身も驚いた。ここでも自民族中心主義的な人間観が働き，それと対比させると，インディオは異質なほどヨーロッパ的人間観や聖書的人間観とは異なったからである。おそらく遭遇当初は，未知の霊長類であるかのような驚きだったにちがいない。しかし当時はまだ，異文化の認識も乏しく，文化それ自体に対する客観的で本質的な問題意識もなく，学問的な興味の対象に値すると思い至る者は，誰もいなかった。

　その新発見のアメリカ・インディアンが，もし自分たちと同じように人間であるならば，キリスト教の布教の対象にしなければならない。しかし，その結論が出るまでに，渡来した少数のヨーロッパ人たちによって，インカ帝国はすっかり滅ぼされてしまった。その際，残虐きわまりない迫害の口実になったのは，アメリカ・インディアンが人間ではないということだった。この間ラス・カサス（Las Casas, Bartolome de, 1484-1566, スペイン生まれの聖職者。スペイン人のインディオ虐待に抗議）の努力により，1534年にローマ教皇庁から「彼らもヨーロッパ人と同じように人間である」と宣言させたときには，もはや手遅れだったのである。

4 インディオをめぐる人間論争

　キリスト教の教理によると，天地創造はただ1回のできごとであり，すべての人間はアダムの子孫であるということになろう。であるならば，この残虐で非人道的な食人種とヨーロッパの文明人との間には，どのような関係があると

いうのだろうか。ここで，論争は地球上に住む人間すべてを解釈するのに，彼らが単一起源か多元系統かという問題が急浮上した。

多元論者は聖書の創世記といかにつじつまを合わせるかに腐心した。一元論者は，全人類が単一起源を持つと認識したが，ではインディアンがどのようにしてアメリカ大陸に到達したのかという難問に直面した。しかし，これらの問題を解決するには，まだこの時代では学問的には荷が重すぎた。これらについては，後ほどあらためて触れることにしよう。

● 8　生物分類学による人類概念——人為分類と自然分類

1　リンネの業績

　大航海時代がもたらしたもう一つ重要な問題がある。人々がヨーロッパを出て各大陸や東南アジアの諸島を巡るようになると，当然のことながら異民族や異人種やその文物以外にも，珍しい動植物に遭遇するようになる。

　それらの動植物が見聞録や報告にしばしば記録され，ヨーロッパにもたらされたが，残念なことに命名法が一定していないために，せっかくの情報が混乱を引き起こしたり役に立たなかったりすることが多かった。同じ動植物を違った名前で呼んでいたり，異なる動植物が同じ名前で記されていたりしたからだ。

　当時の生物学はまだそのような状況だった。スウェーデンの博物学者リンネ（C.Linne, 1707-1778）は，この不備・不便を改善して「自然の体系」を表し，今日もなお利用されている「二名法」なる命名法を考案した。この時代はまだ生物の進化という考え方はなく，種はすべて創世記にあるように神の手により創り出され，しかもそれ以来種は不変だと信じられていた（種不変説）。

　リンネの業績で何よりも重要なのは，「自然体系」第10版で初めて霊長類（Primates，生物界での第一人者という意味）という用語を使うと同時に，人間

を霊長類のなかの一群つまり生物界の一員として位置づけ，他の生物同様に二名法で命名して，ホモ・サピエンス（*Homo sapiens*）としたことであろう。そしてそれを定義するのに，「汝自身を知れ」というソクラテスの座右の銘を引用して「理性でもって自分自身を知る能力を持った動物」と定義した。彼の業績は偉大なものであるが，人間は神の創造により最初から人間として地球上に出現し，以来変わることなく人間だったと考えていた。しかし人間の知識は一挙に飛躍することがないことからすれば，これもやむを得なかったであろう。

2 人為分類の手法

リンネはあらゆる生物を分類するのに，外観的な類似を基準にし，その類似度に従って上位カテゴリーからしだいに下位へと，界・門・綱・目・科・属・種と区分した。そして，すべての生物を属名と種名で併記することを提案した。二名法といわれる所以である。しかし，ここで問題を生ずる。彼は分類の基準として，外観的に重要と思われる特徴を任意に選んだため，首尾一貫しないものになってしまったのである。分類特徴として花の特徴を選ぶか，葉のかたちを選ぶか，根を選ぶかによって，異なる分類結果になることが多い。これも分類基準を主観的に選ぶことから生ずるわけで，このような分類の仕方を「人為分類法」と呼ぶ。

3 自然分類の手法

非常に地味ではあるが，生物学では別の分野がしだいに発達してきていた。比較解剖学である。比較解剖学は上記のような分類学の行き詰まりを解決するのに有用な概念を発見していた。以後分類学と比較解剖学の積極的な協力関係を生ずることになる。

生物は，同じような環境条件下で生息したり，あるいは同じような機能を営む場合に，比較解剖学的根拠（系統的根拠もそうだが，まだこの場合学問はそこ

まで到達していない）がまったく違うのに，外観がいちじるしく類似することがしばしば見られる。たとえばトリも昆虫も空中を飛翔するという同じ機能的要求に応じて，原基はまったく違うのに，外観上はよく似た翼を発達させる。サツマイモのいもの部分は根だが，馬鈴薯のそれは本来茎に相当する部分であり，元は違うのに外観はよく似ている。このような現象を「相似 analogy」という。

生物の分類では，このようなただ外観的に類似したに過ぎないような相似的類似は排除しなければならない。でなければ，おびただしい卵を水中に排卵する魚類と，受精卵を胎内で発生させ，生まれ出たコドモを乳腺から分泌する母乳で保育するクジラが，いずれも水中で生活するという機能的要求から外観上類似し，人為分類法では，いずれも魚類に含まれてしまう*。

比較解剖学ではこのような相似的な類似を排除して，たとえ外観は似ていなくても，生物学的に対応性をもった構造や形態，つまり「相同 homology」の形質特徴を吟味するための多くの方法を開発し，体系化するようになった。このようにして，分類学の要請に応ずることが，そのまま比較解剖学の発達にも寄与することになったのである（A.Remane, 1956 **）。

このような形質特徴を，人為的な基準でなく，比較解剖学によって客観的に相同性を吟味しながら，リンネの場合と同じ手法で，いろいろな生物の類縁性を設定していくと，その類縁性の度合いに応じて，すべての生物が門・綱・目・科・属・種と，しだいに類縁度の強いグループに客観的に分類されていくことがわかる。

このような分類法を，リンネの人為分類法に対して，「自然分類法」と呼ぶ。

4 自然分類法が明らかにしたもうひとつの事実

このような作業を繰り返しているうちに，生物学者は興味ある事実に気がつ

---

* アリストテレスでさえ，このような事実には気がつかず，クジラとサカナを同じ仲間にしていた。
** この辺の事情を，レマーネは歴史的にもくわしく検証し，集大成している。

いた。いまここに，A，B，Cの3生物群がいたとしよう。これらの生物群のあいだで，「若干の特徴に相同性が認められた場合には，他にも多くの相同的な特徴がかならず存在する」といえるのだ。たとえばA，B，C群が，ともに脊椎という相同的な特徴をもっているとしよう。彼らのあいだには，かならず脳や脊髄という中枢化した神経系が共通に存在しているがわかる。また循環器系を見ると，心臓から動脈・静脈を経て，ふたたび心臓にもどる閉鎖血管系を共有している。筋肉系についてもそれぞれ対応性があり，消化器系をみても基本的に同じ構造で，ひとしく口・食道・胃・小腸・大腸が区別され，肝臓や膵臓の配列関係や開口部も同じである。別の見方をすると，脊椎がある動物ではこれらの諸特徴はセットになっていて，脊椎と昆虫式の6本足といった組み合わせや，脊柱がありながら昆虫式の複眼を持つといった生物はあり得ないことがわかる。このような特徴のパックになったグループを脊椎動物（門）と呼び，その特徴のパックを脊椎動物の型という（型 Typ の概念確立）。

　まったく同じ操作で，脊椎動物に含まれるある動物群の胸部に左右対になった乳腺があったとする。彼らはもはやコドモを卵で産むようなことをせず，受精した卵を胎内（子宮の出現）で一定期間育て，親の雛形のようなコドモを産み落とす。この連中は例外なく，トリのような羽毛でなく体毛で体がおおわれている。心臓は4室で区切られており，大動脈弓は左に湾曲し，その中を流れる血液の赤血球は無核であることなどが，もはや剖検しなくても推測が可能である。彼らの体温は両生類や爬虫類のように，自分を取り巻く外界の気温に合わせるようなことはなく（変温性），気温が下がればみずから体温を上昇させ，気温が上がれば体温を下げるような生理的メカニズムが働く（恒温性）。だから気温が下がっても新陳代謝は一定に保たれるので，冬眠するようなことはなく，また寒い地域にでもすむことができる。脊椎動物のなかで，このような型を持ったグループを哺乳類（綱）という。同じようにして，霊長類（目），ヒト科（ホミニーデ），ホモ（属），サピエンス（種）と，しだいに細かく型を設定していくことが可能である。

5 進化論前夜

　18世紀の終わり頃には，生物学はすでにこのようなレベルにまで達していた。カントなどは，進化の考えを導入しなければ理解できない生物学的事実に直面していた。自然分類法が確立して，その体系のなかで見られる生物群を謙虚に眺めると，カントは「判断力批判」(1790) のなかで「このような類似があるということは，共通のひとつの原型から生み出されたことを暗示しており，共通の祖である母から生み出されたからこそ，各生物の間には近縁関係が存在すると推論せざるを得ない」と述懐している。これはまさに系統発生学的な観察眼としかいいようがない。

　ゲーテも，生物界を広く見渡すと，原型とそれから派生した派生型があることを知っていた。比較解剖学の手法で，現存する派生型を比較することにより，原型を探ることが可能であり重要でもある。というのは，原型にこそ神の設計，神の意志が読みとれるからだ。そのようなことから，彼は比較解剖学を分類学の手法の位置から，独自の目的を持った「形態学」とすべきだと主張した。問題はゲーテの認識のなかにも原型と派生型という，今日でいう系統発生学的なレベル寸前にまで到達していたということであろう。ただ彼の場合は，原型を追求することと，それを通じて神の意志を探ろうというところに力点があったために，原型からいかにして派生型を生ずるかといった進化的・系統的見方は希薄そのものだった。

　だから，ちょっとどこかを一押しするだけで，濃淡さまざまな類縁関係を示す多くの生物群が，実は起源や系統の違い，古いか新しいかの違いによって生じたものだということに思いいたることだっただろう。つまり，類縁関係の近いものほど，新しい時代に本幹から分化して生じたという，時間的解釈が欠如していたのである。

9　ダーウィンの進化論と人間

1　『種の起源』発表とその社会的影響

　英国を中心に巻き起こった産業革命もほぼ定着し，社会の産業化もかなり進行した1859年にダーウィン（Darwin, C., 1809-1882）の『種の起源』が，その4年後にT．ハックスリー（Huxley, T.H., 1825-1895）の『自然界における人間の位置』が発表された。この思想はすぐドーバー海峡を渡って，ドイツのヘッケル（E.Haeckel, 1834-1919）に強く影響した。

　当時，生物学界では自然分類法に基づく多くの動物の類縁性が吟味され，かなりの程度にまで体系化が進んでいた。ヘッケルは進化の思想をただちに自然分類体系に取り入れ，各生物間の類縁性の疎密という横関係だけでなく，各生物がいつ分岐・誕生したかという時間的な縦の関係をも考慮する「系統発生学Phylogenetik」に翻案した。

　19世紀の生物学は初頭から，すでに生物の起源を進化という観点から説明しようとする試みが増えてきていた（Darwin, E., 1731-1802, Spencer, H., 1820-1903, Wallace, A.R., 1823-1013, Lamarck, C.de 1744-1829, Lyell, Ch., 1797-1875 ら）。しかし，そのメカニズムについてはどうしても思弁的にならざるを得なかった。

　では，なぜダーウィンの『種の起源』だけが当時の学界や思想界ばかりでなく，社会全体を巻き込んで，大きな影響を与えたのだろうか。ダーウィンは地質学者のライエルの『地質学原理』や経済学者マルサス（T. R. Malthus, 1766-1834）の『人口論』に深く影響された。みずからも海軍の測量船ビーグル号に乗り込んで南米大陸や南半球の諸島を周航し，動・植物や地質などを観察した。そして生物が各地域で適応し，地域ごとに連続的に変異している様相に接し，各生物の進化を確信するようになった。しかし，その進化の原因やメカニ

ズムが説明できなければ，その当時のパラダイムであった神の摂理に基づく創造説や自然哲学的な形而上学に裏打ちされた生物観を打破することができない状況にあった。

それ故ダーウィンは，それまでの進化思想に欠如していた実証性と進化のメカニズムの解明に意を注ぎ，ウォレスの論文にも触発されて「適者生存」と「自然淘汰」を説明原理として採用したのである。

ダーウィン自身は用心深くも人間の起源については，直接には触れるようなことはなかった。しかしダーウィンの進化思想は，大学や博物館の門を出て，あっというまにロンドン市中に広まり，一般の人々に対しても人間の生物学的起源を強く暗示させることになった。

さらにダーウィンの論法によると，母の体内で子どもが育つことも，季節のめぐりとともに発芽し，葉を茂らせ，花を咲かせ，種子を結ぶ植物の変化も，さらには天体の運行にいたるまで，すべて機械論的な因果の法則で動いており，もはや神の力の入り込む余地はまったくない。

そのような実証的論法と合理主義が教会を刺激し，教会の反発を買うところとなったのである。

2　進化論と人間観への影響

ここで改めて，ダーウィンの『種の起源』が刊行されたことにより，どれほど人間についての考え方が変化したかについて述べておく必要があろう。

当時の英国では産業革命を経て，社会は産業化が進み，科学は近代化して技術と結びつき，それとともに合理主義・実証主義的風潮が高まっていた。キリスト教的「神」はいちじるしく後退した。そのような時代的流れのなかで，生物学も変化せざるを得なくなった。生物の起源についても，創造説から離れて，科学的に思索するのは時代の趨勢でもあった。そのような19世紀的パラダイムのなかで，ダーウィンの『種の起源』は誕生したのである。

進化という考え方は，一般にいわれるように決して生物学が生みの親ではな

い。すでに述べたように，古くはギリシャ時代に遡り，生物ではないが社会の進化を理論的に説明しようとしたソフィスト学派がある（クセノファネス，48ページ参照）。彼らは社会は人間により創り出されたものであり，宗教すらも社会的創造物だと考えていた。

ダーウィンは自説の進化論を広く認めさせるべく，当時まだタブーに近い問題だった人間の起源については，議論から慎重に外した。しかしながら，人間はリンネ以来すでに生物界の一員であるとの認識に到達していたのであるから，当然のことながら，もし進化思想が正しいならば，ごく自然に人類の起源論・系統論が浮上することになる。

ちょうど，この頃すでにドイツのデュッセルドルフ郊外で，ネアンデルタール化石人骨が発見されており（1856），その解釈を巡って議論が沸騰していた。ノアの箱船に乗り損ねた人間とか，コザック兵の残骸だとか，容貌怪異なため病気に侵された人間だとか，議論は尽きなかった。

そのようななかで，すでにハックスリーは，卓見をもってこれを絶滅した化石人類と位置づけていた（「自然界における人間の位置」1963）。しかしながら，人類化石の資料はまだほとんどなく，19世紀後半はまさにダーウィニズムを是認するか否かの時代に終始していたといってもよい。

10　人類の近代的概念の確立

ギリシャ時代の人間観はあまりにもギリシャ中心的だった。自民族だけが人間で，他は異邦人とみなした。それに反対したストア学派は，他民族をも網羅して，理性の法則に従う人々により形成される共同体の成員は「同族人」という概念に到達していた。

すでに述べたことであるが，古代ユダ王国に起こった一神教であるユダヤ教によると，唯一の神しか存在しないとすれば，それはすべての人間の神であるはずだ。つまり人間はすべて共通の神の子でなければならない。この神によっ

て一体化した人類は共通の運命を持ち，ここに初めて人間は部族ごとの個別史から人間全体の歴史，つまり「世界史」が存在するという認識に到達した。それ故「神に導かれた全人共通の歴史」というユダヤ教的・キリスト教的思想は人間観の歴史的変遷上，高く評価できる。

　ルネッサンス以降，人間自体を対象として研究しようとする試みが盛んになった。レオナルド・ダ・ヴィンチ（Leonardo da Vinci, 1452-1519）の人体デッサンや解剖図はあまりにも有名だが，16世紀の初頭にマグヌス・フントもヒトの解剖学と生理学を扱っており，ここで初めて「人類学　Anthropologium」という名称を使用している。今日の人類学とはかなり概念が違うが，文献上は最初のものであろう（Magnus Hundt: Anthropologium de hominis dignitate., 1501）。引き続き匿名ではあるが，人類学なる学問的名称を使用して，解剖学的観点から人間性の観念について述べたものが出版されている（匿名：Anthropologie abstracted；or, the idea of human nature reflected in briefe phylosophical and anatomical collections., 1655）。

　一方，18世紀になって啓蒙思想が発達するにつれ，リンネによる人間の生物界における分類学的位置づけにより，人類という概念がかなり明確になってきた。リンネにはソクラテスやプラトンの思想の影響が強く，それはそのまま啓蒙思想に受け継がれ，人間はいかに外見が異なっても，その本質は共通であり普遍的である。リンネはその一群を生物学的に人類としたのだが，啓蒙思想としてはそれを普遍的人間と把握し，思想的にはこの「普遍的人間」の追求こそが急務であるとした。

　すでに述べたように，このような啓蒙思想に反対して，ロマン主義が台頭する。前者がプラトン学派の系譜に繋がるとすれば，後者ははるかにソフィスト学派の考え方に近い。つまりロマン主義の代表者のひとりゲーテは，「啓蒙主義者が発見したという普遍的人間など抽象的存在であって，現実には存在しない。人間は単なる人間一般ではあり得ず，きわめて具体的に有色人種か白色人種か，男か女か，子どもか大人か，というかたちでしか存在しない。このような特殊具体的なあり方において初めて，人間という概念は現実化される」とい

うのである。だからゲーテは「すべての人間が集まってこそ，我々は人間的なものを生きるのであって，真の人間とは全人類の他にない」といったのである。啓蒙主義者のいうような抽象的で現実にはありもしない普遍的な人間という考え方で，個人の特徴を押さえ込むようなことがあってはならず，独自性や個性を誇りとすべきだというのがロマン主義の立場なのである。

いずれにせよ，18世紀の啓蒙主義やロマン主義の論争の中心になったものは異人種，異民族を超えた「人類」の概念であったが，深層では依然としてキリスト教的人間観が底流として存在し，人種問題にも影響を及ぼしていた。

19世紀のダーウィニズム以来，生物学的に人類も人類以外の生物から進化してきたという考えがしだいに定着するようになった。しかし，その人類を構成する人種について，どのように考え，扱われてきたのだろうか。そちらに目を転じてみよう。

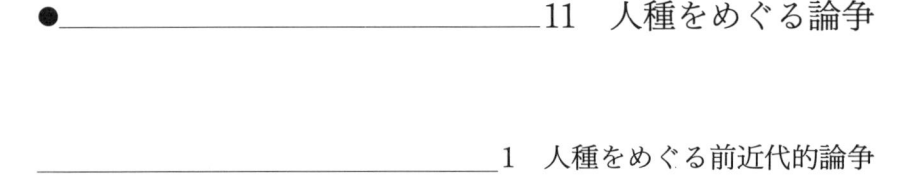

11　人種をめぐる論争

1　人種をめぐる前近代的論争

コロンブス時代とは異なって，地球上にすむ人間はすべて，同一種ホモ・サピエンスに含まれることは，もはや疑いはない。しかし，人類学にとってこの「人種」＊ほど悩まされた概念はない。

科学がある程度近代化した段階でも，まだ文化の特性や概念が人類学的に明確でなく，したがって人種についての言及や議論は「身体的特徴と精神的特徴とは密接に関連し，両者は遺伝的に世代から世代へと受け継がれる」と理解するかどうかで，大きく分かれていた。

すでに述べたように，ギリシャ人は自民族中心的だった。しかし，ギリシャ

＊　人種の違いといっても，種の違いでなく，亜種のさらに下位の地域的変異グループに過ぎない。

語をしゃべり，ギリシャの神々を信仰し，ギリシャ文化に同化した異邦人は，もはや異邦人ではなかった。ヨーロッパ中世を通じてキリスト教の教義に絶大な影響を与えたアウグスチヌス（Augustinus, A., 354-430）も，キリスト教徒と異教徒を区別したが，改宗により同じ人間レベルに引き上げられると考えていた。

つまり，いずれもまだ，深刻な人種差別論ではなかった。優劣の差が先天的・遺伝的に固定しているわけではなく，文化変容や同化や改宗などによる後天的な変化が可能であることを，暗黙のうちに認めていたからである。

生物分類学的に種（species）というカテゴリーを設け，人間を *Homo sapiens* と命名して同一属種に所属させたのは，すでに述べたようにリンネ（1735，自然体系第1版）だった。彼はその第2版（1738）で，ホモ・サピエンスには多様性が見られ，その下位カテゴリーに4人種を区分している。しかしその分類のキーに相当するものは，身体的というよりも心性的，文化的なものだった。

彼と同時代のフランスのビュフォン（Buffon, G.L.L.de, 1707-1788）も，リンネとほぼ同じ立場で「人種」という言葉を引用している。しかしリンネと異なる点は，リンネが分類カテゴリーに重点を置いていたのに対し，ビュフォンは身体的・精神的差異は環境により生じたと考えていたことである。

2 身体特徴から見た人種論

正当にも人種を初めて身体的特徴に限って分類を試みたのは，リンネやビュフォンと同時代のドイツのブルーメンバッハ（Blumenbach, J.F., 1752-1842）だった。その試みは，啓蒙主義に対抗したロマン派の人々で占められていたのは興味がある（ヘルダー Herder, J.G., 1744-1803, ゲーテ，フンボルト兄弟 Humboldt, K.W., 1767-1835 & F.H.A., 1769-1859）。彼らはすでに人種分類が持つ危険性を予知していたのであろう。

ブルーメンバッハとほぼ同時代のガル（F.J.Gall, 1758-1828）は，当時流行

していた骨相学を，脳解剖学と心理学の資料を利用して，人間の知的活動には身体的基礎があり，とくに頭蓋骨にその特徴がよく現われていると考えた。この研究が皮切りとなって，頭蓋骨相学を応用して人種や民族の性格を分類することが大流行した。

3　頭蓋学の発達と人種差別論

　ガルの頭蓋骨相学では測定法は不正確だったが，やがて正確な測定法がレチウス（A.Retzius, 1796-1860）により考案され，頭長幅指数や突顎度を客観的に数字で示すことができるようになった。これをきっかけに，人類学では頭蓋以外にも身体計測法が考案され，人種特徴の観察ばかりでなく，さかんに計測も行なわれるようになった。

　とくに，頭蓋の計測には人類学者の興味が集中するところとなった。その形態特徴は多様性に富み，地理的な人種区分ともある程度対応することが明らかになってきたからである。

　19世紀の初めには，これらのデータを基に人種の多元起源論と単一起源論に分かれて論争されるようになり，しだいに多元起源論が優勢になった。これは，背景にある創世記の天地創造説を否定する傾向と無関係ではなかった。一方，単一起源論は聖書の創造記述を捨てることなく，人種間に見られる差異は環境の影響によるものであると説く。いずれにせよ，この当時の人種起源論は，聖書を中心にその記述を肯定するか否定するかに終始するレベルのものであった。

4　人種の多起源論

　ちょうどこの頃から人種差別論は先鋭化していく。たとえば，多元論者のモートン（S.G.Morton, 1799-1851）によると，すべての人種の道徳的性状について，コーカサス人種は最高の知的・道徳的段階にあり，その頭蓋値は高度発達

の標準値とされた。その標準値からどれくらい外れているかによって，知性の相対的な欠陥の度合いがわかると考えたのである (Crania Americana, 1839)。

多元論者の立場は，当時の奴隷制支持運動と無関係ではない。この場合の多元論では，創造説とは関係なく，自分たちと彼らは初めから出自を異にする点を強調した。たとえばそのような立場から論陣を張ったノットは，その友人グリッドンとともに『人間のタイプ』(Nott, J.C.and Gliddon, C.R., Types of Mankind, 1854) という本を出版したが，それが10版を重ねるほどのベストセラーにまでなった。この事実からも，人種問題は奴隷制の存否と深く関わっていたことがわかる。

この辺の議論を詳細に述べても，今となってはあまり実りがあるとは思えない。

しかし英国のハント (J.hunt, 1833-1869) のことは，少し述べておく必要があろう。少壮の，背が高いブロンドのハントは，南部の奴隷制に対する反対論者で，人種の多起源論をとって創世神話と決別し，単一起源論者のプリチャードに反対した。ハントは当時プリチャードの影響力が強かった英国民族学会 (1843年創立) と関係を絶ち，1863年にロンドン人類学会を創立した。その背景には黒人問題に関する見解の相違が大きく影響した。ハントによると，人類学は人間のあらゆる特徴の総合科学であり (Anthropology is the science of the whole nature of Man.)，地理学，考古学，解剖学，生理学，言語学などを総動員して研究する必要があるとした。ドグマや自説に有利な単一根拠から人種差別論を展開する非科学的な態度が許せなかったのである。しかし，残念なことに彼はわずか36歳の若さで死亡した。

1859年にパリ人類学協会を創設したブロカ (Broca, P., 1824-1888) は，頭型は知性を表現する指標であるという間違った頭蓋骨相学の犠牲のままだったが，やがてそのような目的で行なう頭蓋学が徒労であることに気づき，晩年は脳の研究に没頭することになった。彼も多元起源論者だった。

ド・ゴビノー (de Gobineau, 1816-1882) はもともと科学者というより文学者であり，その影響力は大きかったが，激烈な人種不平等論者として非難され

てきた。

12　ダーウィニズム以後の人種論議

　以上見てきたように，ダーウィニズムが浸透するまでは，やむを得ないとはいえ，科学的には人間の本性に対するまじめな部分と，かなりいい加減で下劣なものが入り混じっていたことがわかる。それらは黒人問題と奴隷制，アメリカ・インディアンをどう処理もしくは理解するかということなどにかかっていた。

1　社会ダーウィニズムの台頭

　しかしダーウィニズムが浸透してからは，人種論の内容と力点が少し変化することになった。社会ダーウィニズムと呼ばれる傾向である。
　ダーウィンの理論では生存競争による自然淘汰と適者生存が，進化の説明原理として採用された。そして，彼自身は進化の対象から慎重に人間を除外していたことは，すでに述べたとおりである。しかし，進化論を奉ずるウォレス，スペンサー，ハックスリーらの生粋の研究者以外に，多くの社会学者や経済学者や哲学者・思想家たちまでもが，その原理がそのまま社会生活にも当てはまると考えた。その考えはさらに拡大され独り歩きをし始めて，ついには経済的成功による少数の富者と貧困にあえぐ多数の貧者，高きから低きに流れる水のように優れたヨーロッパ技術の世界全域への伝播，アメリカ・インディアンに対する弾圧，社会内における階級闘争，これらはすべて同じ法則のもとに生ずるものと考えられるようになった。
　ダーウィン自身は人種形成のメカニズムとしては，自然淘汰から少し後退して，雌雄淘汰なる概念を導入している。ここで注目すべきことは，ダーウィンは人間の知的差異と身体的差異を違った法則で説明していることであり，ダー

ウィン以前の知的特徴と身体特徴との間の隠微な相関関係が無視されていることである。彼によれば両者の進化のパターンは違っていて，一方は自然淘汰の，他方は性的淘汰のプロセスをたどるものと考えた。

ダーウィンは競合する国々が生き残るには，文明や技術の程度が淘汰の引き金になるであろうという。たとえば，タスマニア人の絶滅は，その生活技術も含めて文明度において他人種に比し生存に適していなかった，つまり劣っていたからだということになる。彼自身は，もっとも生存に適した人種はヨーロッパ人であると信じて疑わなかった。また，かつてヨーロッパ人がトルコ人に征服されるのではないかという危惧が一般には抱かれていたが，結果は文明度の高いコーカサス人種が生存競争において，トルコ人を打ちまかしたではないか，という。このようにみてくると，ダーウィンは優れた生物学者ではあったが，社会思想家ではなかったといわざるを得ない。

それに比べると，スペンサーは生物界や社会や思想界にも理解があり，はるかに視野が広かった。そしてダーウィンよりも早く，すでに「生存競争」「適者生存」といった表現も採用していた。さらに社会生活においても生物界と同じように，技能や知性が淘汰圧として作用すると考えていた。

彼の体系全体を貫く理念と原理は，宇宙とそれが包摂する万物は「単純なものから複雑なものへ」が基本的前提になっていた。その理論の展開として，物質次元から生命次元へ，そして精神次元へと自然の進化を総合化した。この考え方は，文化人類学者クローバーやガイア思想のピーター・ラッセル（P.Russell, The Global Brain, 1982）にも，そのまま受け継がれている。

ダーウィンとスペンサーの著作は，すでに述べたように，産業社会の登り口だった当時の社会に好都合な論理として広く受け入れられ，自民族の正当性を裏付けるのに都合がよいことから，社会政策や植民地政策などにもさかんに利用された。つまり奴隷論争は一段落していたが，欧米諸国の間での激烈な経済競争，急激な版図の拡大，帝国主義などを正当化する理論として利用されたのである。このようにして，じつのところ，ダーウィン自身はほとんど預かり知らないことなのだが，社会的ダーウィニズムは急速に勢力を増していった。

このような流れのなかで，マルクスの史的唯物論が浮上した。石田英一郎によると，マルクスが社会現象や経済理論は社会や経済と同一次元で，社会や経済の概念をもって説明している点が，学史的に意義があるという。そういう意味では，近代的な社会科学はマルクスをもって確立したということができると，石田は指摘する。

2　優生学とナチズム

議論は擬似的な科学的装いを持って，人種的優越性を示すのに，いっそう手が込んできて，今やかつての頭蓋指数や脳の解剖学的特徴ばかりでなく，歴史的な経過などまでが援用されるようになった。こうして人種的純血を保ち人種的優秀性を維持するために，優生学が誕生した。

ナチズムが主張した理論も，ここから発した。自集団をアーリアン系人種と論じ（実はアーリアン系とは言語学的に分類された語族であって，遺伝的な純血人種ではない），挙げ句の果ては，そのためにユダヤ人（人種的というより民族的である）のホロコーストに狂奔した事実は，まだ記憶に新しい。ここには二重の科学的なまやかしがあることがわかる。

人種的ばかりでなく社会階級的にも，成功グループは脳の発達度に違いが見出せるということで，ふたたび頭蓋研究がいっそう盛んになった。しかしたとえば，成功グループや優秀な人種の頭型には長頭型が多い，といったたぐいの他愛ないものが大部分だった。このように人種差別理論にはいつも，生物学的遺伝と社会的習得の結果が混同されている。また現在の地球上に純粋の人種など存在しないということも無視された。優生学が理想とするところの純粋人種もしくは優秀な人種を生み出すということも，現代遺伝学ではきっぱりと否定されている。優生学がいう遺伝的な粛正は科学的には偏見もいちじるしく，ダン&ドブジャンスキー（Dunn & Dobzhansky, 1952）の研究によると，知能的・身体的欠陥のほとんどは両親の劣性遺伝子によるものであり，全人口からそれを排除することは不可能といった方がよい。だから優生学的原則を几帳面

に実行するならば，地球上のすべての人間が断種されねばならないことになる。それにたとえ身体的・知能的欠陥者といえども，ドストエフスキー，ゴッホ，ロートレック，キュルケゴール，ヘレン・ケラー，山下清その他多くの人が，知的・芸術的天分を発揮したことは周知の事実である。

このような状況のなかで，むしろ人類学者の方が「人種」という概念に自信を喪失してしまっていたといってもよい。むしろ人類学者たちは，とくに現代的な問題よりも未開文化に興味を抱き，ホモ・サピエンスとして心性や知性は普遍的で本質的な差異はなく，文化は生物学的に決定されるよりも，習得されるものだということを認識するようになっていたのである。つまり人類学者たちのあいだでは，文化の研究から人種の考察を排除すべきだということが主張され始めていた。

3　ボアズの人類学

なかでも，人種差別論の身体的・文化的側面の両方を取り上げて，良心的に一貫して攻撃したのは，ユダヤ系ドイツ学者のボアズ（Franz Boas, 1858-1942。後にアメリカに帰化）だった。人種差別論では頭蓋骨の測定を重要視したが，そのような形質特徴も環境によって変化し，頭型が遺伝だけでなく，生活諸様式や食物に応じて一代の間でも変化し得ることを証明した。それに，脳の大きさが知的優秀さを示すとは限らないことも実証した。脳の大きさという量的問題を，ただちに知能という質的問題に置き換えること自体が，論理的に飛躍があることは明らかである。

ボアズはどの部族の人間も，たとえ身体的な外観が違っていても，自分たちの生存を可能にするような文化を発達させていること，したがってある文化が他の文化よりも優れているかどうかを測定する方法など存在しないことを力説した。このように見てくると，文化の絶対性や普遍性を主張したソクラテスやプラトンに抗して，文化の相対性を主張したギリシャ時代のソフィスト学派の主張を思い出さずにはおれない。未開民族も多くの発明工夫を行ない，優れた

芸術を生み出し，その社会機構もうわべだけでなく，内側に入って調査すればするほど，複雑であることがよくわかってくる。このボアズの基本理念は今日も多くの人類学者によって支持されている。そういう意味では，プラトン主義よりも，それによって排除されたソフィスト学派の見解の方が，むしろ現代的だったといわざるを得ない。

4　クーンの人種学

　最近では，人種の起源について，単一起源説か多元起源説かをめぐっての古典的議論は影を潜め，人類という1分類群のなかでの起源論であり，そういう意味では，人間は大きくはひとつの起源に帰するということで意見が一致している。クーン（Coon, C.S., The Origin of Races, 1962）によると，現存する地球上の人類は1つの種ホモ・サピエンスに属しており，いずれも原人類ホモ・エレクトゥスの子孫であるという。多くの自然人類学者はこの見解にとくに異論はない。クーンはさらに，現存の5大人種（オーストラロイド，モンゴロイド，コーカソイド，コンゴイド，カポイド）はそれぞれ独立に違った時期にホモ・エレクトゥスの幹から分岐してサピエンスになったという。このレベルでアジア系人種は，アジア出土の原人類（たとえばペキン原人）と同じジーン・プールから起源したという見解があるが，これはすでに述べたような古典的な人種起源論とは別のものである（呉汝康ら）。

　人種論については，科学の自浄作用により正しい方向に是正されても，すぐ次の差別理論が生み出されるということが繰り返されてきた。未だに各地域で少数民族，エスニシティ，人種問題がくすぶっている。これらの生物学的，文化的諸条件の複合化したものが，さらに政治的・社会的要因と絡み合っていて，今日なお完全に解決されたとは言い難いのが現状である。

5 人間は家畜の1種

「進化論」論争がほぼ学界でも沈静化した19世紀の終わり頃から，育種学の分野で家畜化のメカニズムをめぐる論争が活発になった。そもそもダーウィン自身も家畜のあいだに見られる変異の大きさに着眼しており，それを人為淘汰という観点から考察していた。

20世紀になって遺伝学が発達してくると，家畜化の主原因もしくはメカニズムとして，交配つまり遺伝を強調する流れと，環境の影響をも重要要因とみなす流れを生じた。その結果，家畜学の分野では，

1. 家畜化すると，野生原種と異なり，いちじるしく変異が大きくなること。
2. 家畜化により，野生原種と種を異にすることはない。
3. 家畜化は野生原種よりも生理的に低質化もしくは病的になるものが多い。

ということが確認されていた。

この家畜化の法則が人類の進化や人種形成の説明原理にならないか，ということに目がつけられ始めた。

ワイデンライヒ（Weidenreich, F., 1925）は，人類の頭型や体型の形態特徴が短時間にいちじるしく大きな影響を受けるのは，文化的環境の違いによるという事実に目をつけた（「家畜化と文化が頭型や体型に及ぼす影響 Domestikation und Kultur in ihrer Wirkung auf Schaedelform und koerpergestalt.」）。

たしかに，人類を構成する各人種はすべて1属1種のホモ・サピエンスに包含されている。しかし，頭型や顔型や体型や身長，皮膚色，頭髪色やその形状，虹彩色，体毛の発達度，その他多くの形質について変異はきわめていちじるしく，このような変異の大きさは家畜をおいては他には見られない。しかもその形質特徴には家畜にだけ見られる現象と共通するものが多い。

ウィーンの人類学者アイクシュテット（Eickstedt, E.F.1934）も，家畜化現

象に興味を持ち，「進化史上，人類が文化を創り出したというが，文化が人類を創り出してきたのではないか」という。もし人類が，猿人以来文化を発明しなければ，今日依然として猿人の姿のままであろうというのである。人間が創り出した文化的環境のなかでみずからが生活し，みずからを家畜化してきたというのだ（自己家畜化現象，self-domestication）。

では，家畜化による新しい種への進化（種分化 speciation）を生じないという点についてはどうか。現代家畜学の大家で，家畜化現象をほぼ集大成したキール大学のヘレ（Herre, W.）と直接話し合う機会があったが，家畜学と人類学では家畜化現象について，理解に大きな隔たりがあることを知った。

まず種分化については，家畜学者は生物学的時間の座標内で考えているが，人類学者は地質学的時間のなかで考察する。とすれば種分化について，否定できるものは何もない。

さらに，家畜では家畜化による脳や中枢神経系のいちじるしい低質化を伴うのが普通であるが，それは野生状態から人為的に単純化された環境にすむことから生じたと解釈できないことはない。人類の場合はますます複雑化する環境にすむことにより，脳の異常ともいえる発達が促進されたとも考えられるという結論である＊。

また，人類の進化速度と文化の発達度が，見事なほど平行している事実を見ても，これらの事情はよく理解できるのではなかろうか。つまり人類の特徴を理解する上で，依然として自己家畜化は有効であるといえよう。

＊ たとえば，家畜のブタは人工的に造築された小屋にすみ，飲み水，餌の心配もなく，必要時にはオスまたはメスをあてがわれ，産出したコドモは人間によって保護育成される。危険な外敵から人間は護ってくれる。これらすべてを野生のイノシシはみずから解決しなければならず，そのため敏捷さ・警戒心・攻撃性・歯牙や消化器の発達などは不可欠だ。解剖学的にも生理学的，行動学的にも家畜化により大きな変化を生ずるのは当然といえよう。

13 文化とパーソナリティ論

1 形質と文化は次元を異にする

　人種論議のところで見てきたように，18世紀は未だ文化という概念が曖昧で人類学的には確立されていたとはいえない。そのようなことから人種が示す身体的特徴と文化の発達度が表裏一体であると考え，身体形質と知能が密接に相関すると考えて，人種差別論が展開されてきた。

　しかしながら一方では，未開社会や未開民族の研究から，彼らの文化は決して低いものではなく，通文化的研究により，文化の普遍的特徴を理解しようとする試みも，徐々にではあるが，文化人類学の間で芽生えていった。そしてしだいに，身体形質と文化とは直接関係するというよりも，次元を異にするものであることが認識されるようになった（前述のラフィトー，スペンサー参照）。

　では，特定の文化とその文化内で生まれ，育ち，行動し，生活する人間の心理はどのように関連するのだろうか。つまり人間のパーソナリティが文化とどのようにかかわっているかを研究しなければ，文化それ自体も正確に理解することはできないはずである。民族や国民のパーソナリティが，主として文化という場のなかで育ち形成されていくものであるからだ。

2 精神分析学派の台頭

　この分野での研究の皮切りは，オーストリアの精神科医であるフロイト（Freud, Siegmund, 1856-1939）である。彼はみずからの開発による精神分析の手法を用いて，トーテム信仰，近親相姦のタブー，族外結婚，エディプス・コンプレックスなどの起源について論じた。しかしながら，ボアズはその手法が一方的で，文化の発展について理解を深めるのに何の役にも立たないと批判

した。クローバー（Kroeber, A.L., 1876-1960）も，フロイトの推論を「途方もなく不毛な幻想」だと酷評している。

　当時，すでに人類の進化を証明すべき化石も若干発見されており，フロイトもそれを背景に，ホモ・プリミゲニウスとして人類の過去を推測していた。しかし彼の進化論は生物学的決定論であり厳密な単系的進化論との混合したものだった。さらに，彼の論評からすれば，ホモ・プリミゲニウス（*Homo primigenius*）以前は時間的に完全に停止した暗黒の過去に過ぎなかったのである。現在の知識では，過去の復元を通じて，人類の遠い過去にも今と同じような歴史的構造があり，時間は生物的・社会的・文化的法則に従って流れていたことが知られている。(したがって，現在の人類学的知識からすれば，フロイトやユンクのいう人類の太古の経験とは過去のどの時点のことであり，どのような生活経験をいうのかを明確にする必要があろう。)

　フロイトの理論から演繹すれば，現代の未開人は幼年期で成長を停止した人間の状態を示し，ヨーロッパ人は知的成熟の段階に達している。彼は人間が乳児期・幼年期を経過して初めて成熟期に達するように，文化もあらかじめ決められた生物学的な知的・社会的発展段階を経過しなければならないと考える。だから未開人は幼児的であるばかりでなく，彼らの恐怖や衝動や禁止されているものに惹かれる傾向を示すという。しかしこれらの論拠になったものは，彼が日頃扱ってきた神経症患者たちによく見られる特徴だったのだ。

　どの研究分野でも，新しい理念や方法が持ち込まれたときには免疫的な拒否反応に似た症状を呈することが多い。むしろ，学問や研究はこのような経過を経て成長するものである。フロイトの精神分析学が民族学や文化人類学の分野に入り込んできたときも，まったく同様だった。

　フロイトのエディプス・コンプレックスの普遍性という仮説にたいして，マリノフスキー（Malinowski, B.K., 1884-1942）やカーディナー（Cardiner, A.）などは批判的だったが，ゲザ・ローハイムのように，強力なフロイトの支

　　＊　ローハイムは「人類学者は人類を見ず，人間をも見ようとしない」といって反論した。

持者もいた＊。

　その後も，カーディナーのようにフロイトの不備や誤りを是正しながら，新フロイト学派として，文化とパーソナリティの関係をさらに深める一方で，このような精神分析学派のアプローチにきびしい反対も続いた。しかし，パーソナリティとその文化の研究に確かに新しい局面を開いたことは事実であり，評価しなければならない。とはいえ現時点でもまだ両者の関係をめぐって，多くの解釈が併存しており，完全に決着したとはいい難い。

14　化石資料に裏付けられた人類起源論

1　サルかヒトか

　20世紀に入ると，さすがに人類起源論については創世記的な解釈は影を潜めたものの，それに代わって別の偏見が立ちはだかるようになった。

　それは人間の心理の奥深く潜在するもので，自民族中心主義（ethnocentorizm）に代わって，人類中心主義（anthropo-centorizm）とでもいおうか，人類は他の動物とは質的に異なる特徴を持ち，特別な自然的位置づけにあるというものである。それはあたかも自明の理であるかのように，ソクラテスやプラトン以来からずっと「ヒトは理性的であることによって，他の動物たちとはもちろんのこと，類人猿たちからも区別される」というものだった。言い換えれば，彼らとは比較にならないほど頭がよいということになり，つまるところ大脳の発達がいちじるしいということに帰せられる。この考え方自体がすべて間違っているわけではない。けれども，このような事実からごく自然に，「ヒトは頭から進化してきた」と，誤り信じられてきたのである。

　1927年以降，アジアではペキン原人が，少し遡って1924年以降は南アフリカで猿人類が（人類として認知されるまで時間がかかった。詳細は江原・渡辺「猿人アウストラロピテクス」参照），第2次世界大戦で中断されるまで発見が相継

いだ。しかし依然として，その研究は古典的だった。

　たしかに，1950年頃までは人類進化とはいうものの，実際は人類起源論のレベルに留まり，人々の関心は発見された化石が「サルかヒトか」の単純な二者択一論と，「いつ，どこで」人類が誕生したかという問題だけに終始しているのが現状だった。そして，猿人アウストラロピテクス（Australopithecus）が，ほぼ完全に認知される1960年頃までは，アジアこそ人類誕生の地として世の注目を浴びていた（人類起源アジア説）。というのも，化石人類として立派に市民権を得ていた原人類が，集中的にアジアで発見されていたからである。さらに，この頃はまだ一部の有力な研究者のあいだで，アフリカ出土の猿人アウストラロピテクスが果たして「猿人か人猿か」をめぐって，完全に議論が決着していたわけではなかった。

2　サルでもあり，ヒトでもあり

　だが，化石の数量や種類が増えるにつれて，このような「サルかヒトか」とか「猿人か人猿か」といった単純な見方ではすまなくなってきた。というのは，第一に化石について「人類 Hminidae」としての分類基準が確立していたわけではなかったからである（ル・グロ・クラーク Le Gros Clark）。ただ暗黙のうちに現代人（ホモ・サピエンス）を比較の尺度にしていたにすぎない。第二に問題となる化石は，問題になればなるほど頭骨や歯や四肢骨の形態が連続的に変異しており，「サルかヒトか」というよりも「サルでもあり，ヒトでもあり」，どこで区切るかは主観的にならざるを得ない。第三に，各形質特徴が頭部から足先まで画一的に「サルかヒトか」で区別できず（進化の非相称性），たとえば歯だけが人類的であったり（デンタル・ホミニド，dental hominid），猿人類のようにサル的頭部にヒト的下肢を持っていたりすることがわかってきた。だから，発見された化石が身体のどの部分であるかによって，同定を誤る危険性すらある。

　だから，人類学では化石を同定するに当たっては，「サルかヒトか」の同定

だけでは不十分で「いかにしてヒトになったか」そのメカニズムを知ることが急務になった。このようにして，この分野の研究は単純な記載レベルの起源論や系統論から脱皮して進化の解明に向かうことになり，ここで初めてこの分野の研究は科学の体裁をとるようになったのである。そして猿人も人類として認められるようになると，人類誕生の地はアジアよりもアフリカの方が可能性が大であると考えられるようになった（人類起源アフリカ説）。

このようなパラダイム転換の契機となったのは，もちろん当時の科学がそのレベルまで到達していたことも無視できないが，直接的には1950年にニューヨークのコールド・スプリング・ハーバーで開催された「人類の起源と進化」シンポジウムが大きな力となった。

15　霊長類学の誕生と人間観の変化

1　生物科学の発達と変容

この頃の生物学的なパラダイム・シフトについて，人類学における人間についての考え方も直接的に大きく影響を受けることになったので，もう少し詳細に述べておきたい。

1950年を境として，生物科学は大きく変化し，まるで互いに正反対の方向に分極化するような状況を呈していた。一方は，これまで哲学や宗教などの聖域とされていた生命の領域にまで生物学が立ち入り，生命の起源を解明し始めた。他方では，生物の形態的・生理的現象を個体レベルを超えて集団ないし種レベルで考察しようという傾向が強化された。生物の研究は解剖学や生理学や生化学その他の専門分野にバラバラに細分化した情報や知識だけでは不十分であり，さらに研究室や博物館のたった1個のタイプ・スペシメンで代表させて，その種全体を論ずるような姿勢にも反省が加えられた。生物学はもともと「生き物」学であって，「死物学」ではないというわけである。

このような生物学の変化は，人間の由来や本性を解明しようとする生物学者や人類学者を刺激しないはずがない。これを契機に生物学者や人類学者のなかには，実験室から飛び出して，野外で調査する研究者たちが急増した。

　上述のシンポジウムのなかで，マイヤー（E. Mayr）は「種は1個のタイプ・スペシメンで代表されるような形態学的種ではなく，生物学的種であるべきだ」と主張して，人類学者たちのこれまでの考え方を批判した。自分が発見した化石に，まるで記念品ででもあるかのように片っ端から二名法で学名を与え，その結果，急増する人類化石とくに原人類や猿人類の系統関係は，もつれた糸のようになり，わけがわからなくなってしまった。それは国際的な命名規約を無視した人類学者や解剖学者たちの態度にも問題があるというのである。たとえば当時の文献によると，同一属種の化石に13以上もの学名がつけられていたのである（1950）。ヒトと紛らわしい化石類人猿については，じつに26属にも分けられ，それに含まれる種まで含めると，もっと数が増える。常識的に考えても，それほど多くの類人猿がひしめいていたとはとうてい考えられない。

　このシンポジウムで，ウォシュバーン（Washburn, S.L.）は，「進化は思索ではなく，実証である」と指摘し，200種もいるサルたちはヒトにいたる進化の諸相を暗示しているとして，野外における生きたサルの研究の重要性を強調した。

　日本でも例外ではない。ヨーロッパやアメリカのように，遠く他国にまで出向かずとも，日本列島には昔から野生のニホンザルが生息している。戦後間もなく今西錦司を中心とする研究グループが，早くから霊長類研究の重要さと面白さに惹かれ，ニホンザルの社会や生態の研究に着手していた。今西は1951年にはすでに古典的名著になった「人間以前の社会」を出版し，1956年には日本モンキーセンターを設立して，サルに関心を持つ多くの若手研究者たちのメッカになっていた。

　その間，アメリカではサルの研究が医学・薬学や心理学から宇宙開発まで，きわめて有用であることが認識され，一挙に7つの州立霊長類研究センターが

設立された。それに刺激されて，日本でも国立の研究機関として霊長類研究所が設立されて京都大学に付置された。アメリカの場合と少し異なり，人間研究にも大きな重点が置かれたのは特筆に値しよう。

2 国際霊長類学会誕生とその意義

各種サル類の研究は着手されるやいなや，思いがけないほど重要な情報が矢継ぎ早に報告され，研究者たちのあいだを駆けめぐった。それらの情報を個々ばらばらに収集するだけでなく，一堂に会して交歓し合い討議し合う場が必要になった。こうして1963年にフランクフルトで国際霊長類学会が呱々の声を上げることになったのである。この学会の席上，初代事務局長に就任したホファー（H.Hofer）は，「霊長類学の現状と意義」と題して講演し，学会の理念としてハックスリーの精神「自然界における人間の位置」を強調した。

16 哲学的人間学の新しい課題

1 哲学的人間学への提言

哲学的人間学では，「他の動物と比較して，ある際だった人間的特徴を捉え，それらの特徴が人間にとっていかに重要で不可欠の機能を果しているか」，さらに「そこから遡及的に，それらの諸特徴はいかにして獲得されたか」と，問いかける論法が多い。人類進化史でも，往々にして同じ論法が見られる。たとえば，「人間は理性的動物である」あるいは「ずば抜けて頭がよい」ということから，「それ故，人類は頭から進化してきた」という見解は一般にも至極理解されやすいものだった。この思いこみが，ピルトダウン事件を起こしたのである＊。

しかしながら，この点については，化石資料が増加し，その研究も本格的に

なり，研究が進むにつれて，事実に反することが明白になった。それ故現在では「人類は下肢から進化して人類になった」という見解が主流になっている。

だから哲学的人類学でも，資料が増え過去の正確な復元がかなり可能になった現在では，この分野の記載については事実に耐えうるものは少なくなってしまった。まして，その間違った事実から出発した哲学的人間像は虚構に近く，大幅な再検討が要求されなければならない。現時点における人類学や霊長類学の新情報をしっかり踏まえることが緊急課題になるだろう。哲学的人間学の再構築を期待するところである。

2　二元論的人間観克服の道

人間を考察するとき，啓蒙主義や理性中心主義の立場に立つかぎり，人間を二元論的観点から救出することは困難である。

たしかにデカルトやベーコン以来，精神や文化と物質や身体の両次元が截然と分けられ，その後一元化する試みが何度かなされてきたが，その都度かえって両者の溝は深くなるばかりであった。そのあげく，人文科学や社会科学と自然科学のあいだの亀裂は，大学や研究機関の構成にまでおよんだ。とくに深刻な影響を受けたのは，人間に関わりのある学問分野である人類学だった。

哲学的人間学は，理性主義の衣はいったん脱ぎ捨てて，新しい地平に立って人類学と協調しながら，この課題を解決すべき段階にきているのではなかろうか。

ギリシャ時代以降，哲学がもっとも中心的な課題としていた人間についての認識，つまり哲学的人間学は，各時代を通じてさまざまな人間観を提示してきた。

---

* アマチュア考古学者で発見者のDawson, C.と大英博物館のSmith-Woodwardは，1908年英国サセックス州のピルトダウンから出土したというサピエンスの脳頭蓋骨とメスのオランウータンの下顎骨を巧妙に加工して，同一個体のものとして学界に報告した。以来，この化石をめぐって賛否両論の論文が200編以上も発表された。しかし，1950年代になって，新しい年代測定法その他により，人為的に脳頭蓋と下顎骨が加工・合成されたものであることが証明された。

マックス・シェラー（Max Scheler, 1874-1928）は，これらの人間観には，いくつかの共通項が見られ，それらの共通項によって，さまざまな人間観を類型論的に概括ないし把握することができると考えた。彼はそれを大きく3類型に分類し，さらにやや特別なものとして2類型を加えている。彼のその功績は大きいものがある。しかしその人間観の5類型について，現在の人類学的観点から吟味すると，べつにシェラーの責任ではないが，いずれも不適当さと不十分さが目立つことに気がつく*。逆にいえば，シェラー以後わずかな年月のあいだに，人間観については，人類学の側からの付言もしくは再考すべき大きな変化があったということになろう。

3　霊長類研究からの新情報

　サルの研究が始められた頃，ヒトとサルとを分け隔てる顕著な特徴として，シェラーも取り上げているように，道具の製作・使用があった（Franklin, B., 1706-1790）。しかし自然物を道具として利用し使用する例は，自然界でもかなりの動物で観察されるが，道具製作こそ人間だけに与えられた能力だとされていた。

　ところが，グドール（Goodall, J.）によるタンザニアのゴンベ川流域に生息する野生チンパンジーの観察では，釣り棒を作ってアリ塚の白蟻を器用に釣り上げて食べたり，木の葉をスポンジ状に揉んで木の洞に溜まった雨水を含ませ

---

*　マックス・シェラーは，各時代に登場したすべての人間観を以下の5類型にまとめた。
　I　キリスト教的人間観：この人間観については，シェラーとは別に，すでに述べてきたとおりである。
　II　理性的人間観：ソクラテスやプラトン主義や啓蒙主義につながる人間観で，すでに本論で述べてきたとおりである。
　III　ホモ・ファーベルとしての人間観：人間を他の動物と区別しうるもっともの見解については，現在では通用しない。それについては後述する。
　IV　人間の精神とか理性は，生命という観点から見れば，一種の病的な現象だとする。これには当時著名だった比較解剖学者ボルク（Bolk, L.）の「人間とは内分泌を妨げられた発育不全のサルである」という発言が大きく影響したものと見られる。それに加えて，ニーチェの「生の哲学」も影を落としている。
　V　人間の存在を絶対的・自立的と理解する。究極的には人格的個人は絶対的神に奉仕することで，彼の世界観は完結する。ここにはカトリック的世界観が見て取れる。

て飲んだりしている。これらは明らかに道具製作であり、その種行動は日常化していることがわかった。それ故、彼女の報告はあっという間に世界中を駆けめぐり、人々を驚かせた (1964)。というのも「人間」の属性としての牙城の一角が、もろくも崩れ落ちてしまったからである＊。

それだけではなかった。人間のコドモは物心がつくと、ごく自然にしゃべり始める言葉は神秘そのものだった。この人間にだけ与えられた神秘な能力は、神から授与されたと考えざるを得ないと、ジュースミルヒ（Suessmilch, J. P., 1766）らはいう（神授説）。それに反発し触発されたヘルダーは「言語起源論」（1722）を表わし、人間が言葉をしゃべるのは、理性や精神があるからだと反論した。しかし、その理性や精神の起源はというと、やはり神に行き着かざるを得なかった。ヘルダーに続いてフンボルト（Humboldt, W.V.）も、この問題にアプローチしたが、結局「人間であるためには言葉を持たなければならぬ。言葉を持つためには人間でなければならぬ」という不可知論に陥らざるを得なかった。それ以来、思弁的に繰り返されるこの種の議論に、パリ言語学会（1866）はすっかり音を上げ、「以後実証性を伴わないこの種の議論は、学会としては取り上げない」とまで宣言せざるを得なかったのである。

しかし、ガードナー夫妻（Gardner, B.T., & Gardner, R.A., 1969）やプレマック夫妻（Premack, A.J., & Premack, D., 1972）のチンパンジーにおける言語実験から、このタブーも切り崩された。もはや詳細に紹介する必要もないほどに、チンパンジーにおける言語能力の存在は、自明のものとなったのである。

道具製作や言語起源と同じくらい重要で、古典的議論となった家族の起源についてはどうか。モルガン（Morgan, L.H., 1818-1181）やタイラー（Tylor, E.B., 1832-1917）やエンゲルス（Engels, F., 1820-1895）以来の原始乱婚から氏族社会を経て核家族へという進化論的見解が正しいのかどうか、ブリフォールト（Briffault, R.）のいう母系社会とマリノフスキー（Malinowski, B.）の

＊ 道具製作は、チンパンジーのような1次的道具から、人類の場合にはしだいに高次化した（メタ道具）ことが指摘できる。このメタ道具の製作こそ人類を特徴づけるものと考えてもよさそうである。

父系核家族の，いずれに起源を求めるべきかをめぐって，決着のつきがたい論争が繰り返され，言語起源の場合と同様に不毛の議論として古典化してしまった。それが霊長類とくにゴリラ，チンパンジー，ボノボ（ピグミーチンパンジー）の社会構造が明らかになるにつれて，霊長類学の側から実証的にアプローチができるようになり，もはや解決は時間の問題となってしまった。

集団遺伝学や分子生物学の手法もいちじるしく進歩して，従来の形態学的なアプローチに加えて，これらの成果も合わせ吟味するとき，ゴリラとチンパンジーはこれまでのように，類人猿（Pongidae）のカテゴリーに含めて人類（Hominidae）と区別する根拠はまったくなくなり，むしろ人類に含めるべきだという考え方がしだいに強まってきている（亜人類）。人間中心主義は，もはや成立しなくなってきたのである。

このようにして，人間にとっての本質的な属性，つまり人間と動物を分け距て，人間にだけ見られるはずの自省能力（自分を他と異なる自分であると認識できる能力），言語，表象能力，道具の製作使用，洞察性，家族などが，さまざまな形と程度でサルたちにも見られ，ヒトとサルとが連続してしまった。こうして，人類学や人間の研究は，まったく新しい地平に立たざるを得なくなってしまったのである。

● 17 人類起源についての新しい見方

1 進化の3パターン

人類の起源というとき，2通りの考え方がある。「いずれが人類と呼びうる最古の生物ないし化石か」というアプローチと，「どのレベルで人類段階に到達したか」という見方である。前者は系統発生的起源に重点が置かれており，後者は進化的観点に重点がある。前者と違って，後者については多少説明を要する。というのは，一般に人類の起源といった場合，前者に限定されがちだか

らだ。

　しかし，進化のパターンをよく観察すると，J.ハックスリー（J.Huxley, 1954）もいうように，分岐進化（cladogenesis），安定進化（stasigenesis），向上進化（anagenesis）の3パターンが存在することがわかる。先ほどの系統発生的起源は，この分岐進化の分岐点のところをいう。もし分岐した生物群が，新環境にうまく適応しているときは，安定的に生きながらえることができる。たとえば，アミーバのような単細胞の原生動物が現在なお生存しているかと思うと，明らかにそれから分岐派生した後生動物が同時的に多数生存している。あるいはまた，多くの後生脊椎動物の祖先であるシーラカンスが今なお生存しているのは，この安定進化の現象といえよう。

　問題は向上進化（レンシュ，Rensh, B.の命名。Portmann, A.も同様の現象をelevationと表現している）である。J. ハックスリーは，ある分類群に含まれる生物はいずれも，共通の単一起源を持たなければならないという先入観念があるが，それは必ずしも妥当ではないという。たとえば系統的にまったく異なる鳥類も哺乳類も恒温性を獲得している。肉食動物の裂肉歯類（Miacidae）には系統的に異なるものが含まれているが，これはこれでよくわかるし誰も異存を唱えない。これらは平行進化の概念と部分的に重複する。このように見てくると，自然分類群として扱われているもののなかには，上記の3パターンがさまざまなかたちで混在していることがわかる。

　また，人類学でよく使用される猿人類，原人類，旧人類，新人類という区分も，べつに系統を問題にしているわけでなく，これはこれで進化の段階群として至極理解しやすい。

　以上に述べたような生物進化の類型化とは別に，進化する際に見られる具体的な姿も次第に明確にされてきた。人類進化の特徴を知る意味でも，それらについて少し触れておく方が都合がよい。

2　主機能と副機能

　進化の中身をもう少し具体的に眺めてみよう。広く生物体もしくは特定の器官の適応の仕方を見渡してみると，興味ある事実に気がつく。

　ある特定の生物体やその器官の機能を考えるとき，主機能の他にいくつかの副機能を顕在的・潜在的に持っているものである。たとえば，蛾の翅についてみると，誰でもその翅が空中飛翔用の器官であることはすぐ気がつく（主機能）。だが，よく観察すると，その翅には独特の紋様があって，擬態もしくは天敵に対する警告の機能をも果たしている。気温が下がると，翅を動かして体温を調節する。キツツキのクチバシは餌を啄むという主機能を持つが，その他にも羽毛の手入れもするし，巣造りもする。また，幹をつついて警戒音を出すし，テリトリー宣言にも利用している。ウマの後足は疾走用の他に，外敵を蹴り倒す防御武器にもなっている。

　これらの例でわかるように，生物体やその器官には主機能の他にも，注意深く観察すると，いくつかの副機能が存在している。その際重要なことは，生物体や器官の形態は，主機能によって決定されているということである。副機能は形態には関与しない。

　生物体もしくは器官が新しい環境下で生きることを余儀なくされた場合，主機能は喪失して，いくつかの副機能のひとつが新しい主機能となって，新環境に適応する。これを「機能転化　Funktionswechsel, Remane」と呼ぶ。もし今の主機能もしくはどの副機能をもってしても対応しきれないときには，その生物は絶滅に瀕することになる。コオロギの翅は，もとは主機能としては飛翔用だった。飛翔中に翅が擦れて出る音が，異性を呼ぶ副機能的な役割を果たしていた。やがて，その主機能は喪失して副機能が鳴器としての新主機能を獲得した（機能転化）。進化とはこのような機能転化の時間的系列と見ることができる。

　副機能が主機能の座につくと，その新主機能のもとに新しいいくつかの副機

能を生ずる。その際，主機能が副機能に格落ちすることはなく，したがって生物の進化は後戻りすることなく展開していく。

唯一の例外は人間の口である。それは摂食・咀嚼と言葉をしゃべるという二つの主機能を抱え込むことになった。咀嚼器官としては類人猿並みの頑丈な顎が有利であることはいうまでもないが，言語活動には下顎骨が軽く，舌を入れる空間が大きい方が都合がよい。その両者の相反する要求を受け入れ，帳尻を合わせた結果，人類の口は中途半端になってしまった。

その口は気分がよいときには口笛を吹いたり，機嫌が悪いときには口先を尖らせたり舌を出したり，愛情の表現にキスしたりと，さまざまな表情やコミュニケーション用の副機能をも果たすようになった。

3　特殊化と一般化の概念

これらの生物が進化し適応する姿を，また別の観点から見ると，二つのパターンが区別される。

その一つは特殊化（specialization）である。どの生物も分類学的に自分が属している系統の基本形を持っている。それは主機能に対応するものであることはすでに述べた。やむなく生物が新しい環境のなかで生きなければならなくなったとき，自分の「基本構造を犠牲にしてまで，少しでも有利に新環境に適応しようとする」のを特殊化という。その特徴は apomorphic と呼ばれる。よく引用されるウマの足は，もともと哺乳類の基本形として5本の指を備えていた（5指性）。しかし草原という新しい環境のなかで少しでも速く疾走できるように，邪魔な指は退化させて（基本形の破壊），第3指だけにしてしまった。このような生物は，たしかに与えられた特定の環境条件下では，きわめて合理的だ。しかしその条件が少しでも崩れると，危機的状況に曝されかねない。

その場合，もとの基本形の方が有利だとしても，もはや後戻りは許されないのがふつうである（進化の不可逆性）。そのようなことから特殊化は有利であると同時に危険性もはらんでおり，生物を「進化の袋小路」に追いやる危険性が

ある。このようにして絶滅していった生物は数え切れない。

　ヒトの足は，本来の把握性という主機能を捨て，直立二足歩行へと機能転化したため，基本形がある程度損なわれてしまった。しかしそのために失われたものを上回る拡大された機能と生きるチャンスを拡大した。だから，ヒトの足のように特殊化が決して進化の袋小路にならなかった例も多々ある。

　もうひとつのパターンは一般化（generalization）である。それは基本形を壊すことなく，機能の拡大と向上を遂げるような進化をいい，その特徴はplesiomorphicである。たとえば，ヒトの手は哺乳類の基本構造である5指性を保持したまま，各指の可動性やプロポーションを変えて機能を高めるように進化した。基本形の保持は，環境の変化に対応できる可能性が，機能的にも形態的にも限局された特殊化に比べて，大きいことはいうまでもない。哺乳類のなかで，霊長類が樹上でも地上でも，森林や草原や半砂漠でも生息できる点で，適応能力はいちじるしく大きい。それは，彼らが特殊化をできるだけ避けるようにして，向上進化してきたからだといっても過言ではない。

　言い換えれば，人間も含めて，霊長類はできるだけ基本形つまり原始性を保持してきた原始的な分類群だということができる。

4　アナゲネシスから見た人類起源論−新しい人間観

　人類の必然的属性として，いくつかの特徴が挙げられているが，ここでもうひとつ大切なことがある。それは個々の特徴を単独に取り上げて，その機能や程度を論ずる論法である。しかしながら，人類の全体像としてみるとき，それは単なる個々の特徴の総和以上の性質を示すということを見落としてはならない。個々の特徴は，それぞれに相互触媒的に働き，総和以上の機能を持つこともあれば，質的に転化もしくはシフトして別の新たな機能を示すようになる場合もあるということだ。むしろこの方が一般的であり，これを「シナジー効果」と呼ぶ。

　このように考えてくると，人類の系統的起源の他に，いつシナジー的に人類

レベルに到達したかという向上進化的起源論も成り立つというわけである。つまり，「どの化石種が人類の直接の祖先か」という祖先探しではなくて，「どのようにしてどの段階で人類と呼びうるものに到達したか」ということが問題になる。

　霊長類学の進展とともに，現在ではゴリラやチンパンジーの生態や社会や行動や心的レベルなどがかなり明らかにされ，他方では初期人類の生活の実態までが，ある程度に復元できるようになった。それらから推測するに，初期人類ではすでに，洞察性，言語能力（石器などのメタ道具製作技術は仲間への伝播や子孫への伝承を意味し，コミュニケーション能力はチンパンジー以上のレベルを推測させる），道具製作使用，家族構造へのシフト（現時点の研究では，ゴリラやチンパンジーの社会レベルから家族へのシフトの証明はもう一息のところまでにさしかかっている）などは，人類というより人間性の萌芽的な特徴とみなすことができよう。つまり，猿人たちはすでに人間に向かって助走を始め，原人類段階で離陸し始めたといってもよいのではないか。これらの諸特徴は互いにシナジー的に作用して人間化（humanization）に向かっていっそう加速がついたものと考えられる。

5　直立二足歩行はヒト化への原因というより結果

　このような観点から人類起源について考察すると，現在通説になっている人類起源論とは大分違った姿が見えてくる。つまり，自然人類学ではキーワードともいうべき直立二足歩行性の起源について，論じておきたい。

　人間は分類学的カテゴリーとしては，霊長目（Primates）のなかのホミニーデ（Hominidae，ヒト科）として分類されている。その分類キーが直立二足歩行であることは周知の事実である。人類が直立二足歩行という運動様式を採用したことから，たしかに形態学的には頭の天辺から足先まで，すっかり機能的に関連して形態的にも変化をこうむる結果になった。それ故，人体の基本形態は直立二足歩行性を土台として観察すると，理解できる点が多い。そのような

ことから,「人類(ヒト科)とは直立二足歩行する霊長類である」という定義が一般化されてしまった。このこと自体は間違いではなかろう。しかし,すでに述べたように,ここでも「他の動物と比較して,ある際だった人間的特徴を捉え,それらの特徴が人間にとっていかに重要で不可欠の機能を果たしているか」と論じ,遡及的にその起源をもって,人類の起源とする論理的誤謬があるのではなかろうか。

先に,人類を他の動物と比較して,理性的であり知的であることから,人類の起源を頭部の進化に求める誤謬を指摘した。ここでふたたび,同じ誤謬が生じているというわけである。

広く霊長類の進化の様相を見渡してみると,それぞれのサルはその段階での特徴をいっそう効果的に利用しようとする傾向が認められる。霊長類では,とくにチンパンジーなどでは,たとえぎこちないにしても道具を製作・使用し,頻繁に手を使用することが観察されている。では,その手の使用をいっそう効果的にすべく,二本あしで立ち上がり,ときにはそのまま歩行したとは考えられないだろうか。つまり,直立二足歩行はヒト化への原因であるというよりもむしろ,結果だったのではなかろうか。

この説を裏付けるもうひとつの根拠がある。今日ゴリラとチンパンジーは分類学的には,人類(ヒト科)に含める傾向が一般化してきている。であるならば,直立二足歩行者としては扱われていない彼らも含めて,人類を直立二足歩行する霊長類と定義するのは,適当とは思えない。

つまり,現在人類学の教科書で一般に扱われているように「直立二足歩行が引き金となってヒト化が促進され,人類が誕生した」というよりも,手の器用な使用と,さらなる器用性とニーズが直立二足歩行を促進させ,ヒト化になったといった方が事実に即して理解しやすいというわけである。

人類起源を系統的でなく進化的に理解するとき,前者を直立二足歩行説というならば,後者を道具使用説と称することもできよう。この見解は,今後しっかり議論する必要があると思われる。

18 現代の新しい人間観への移行 ──人類学の課題

1 擬人観ならぬ擬猿観

　進化思想が完全に浸透して，人間も動物界の一員であり，霊長類のなかの一群として進化してきたという認識は，まったく自明のことになってしまった。そのこと自体は，なんら問題はない。しかし一方で，ヒトを必要以上にサル視する風潮も強くなった。擬人観ならぬ擬猿観である。

　医療技術や薬学などの開発において成功の原動力になったのは，まちがいなくヒトも動物も同じ生物学次元に据えた医学的知識や動物実験によるものであった。その貢献に目を閉じるつもりもない。けれどもその発展のめざましさのなかで，それに対する反省的議論もある。人間は果たして生命次元・生物次元だけで完結する存在だろうか。もしそうだとして，ではなぜ脳死や臓器移植や人工受精や，その他もろもろの生命次元の問題に人工的操作を加えることに，昨今見られるような抵抗があるのだろうか。

　すでに繰り返し述べたように，デカルト以来，人間の精神と身体に関する知識は分断されてしまった。しかし，両者のあいだを繋ぐ事実にも注目されてきた。たとえば，1930年代以降，人間の精神はパーソナリティと密接に関係し，そのパーソナリティは身体を土台としていることが，精神分析学の分野でも注目され始めた。それまでは精神分析学では，患者の治療に際しては，精神の異常と正常はほとんど心理的要因によるものと考えた。しかし，実際にはインシュリンや電気ショックのような身体的治療法にも注目され始め，さらには精神安定剤やさまざまな薬物治療も行なわれるようにもなった。このようにして精神状態と身体側の物質代謝，内分泌機能や血液成分のあいだには，微妙な関係があるらしいことが認められてきた（Kretschmer, E., 1886-1964）*。

　けれども，このような諸関係をはるかに超えた超有機的ともいえる文化レベ

ルでの問題にまで立ち入れるだけの資料を，現在のところ人間は知識として持ち合わせていない。そのような状態だから，現代人にはまだ，医療技術のレベルで脳死や臓器移植や人工受精などの問題を，すべて処理しきれるだけの力がないことは明らかである。

医療技術でよくいうように，そこから先は医学の問題ではなく，哲学や宗教の世界だという考えも成り立とう。しかしそれは「人間として」一種の思考停止を意味する。すでにギリシャ時代にソクラテスが，知識人や技術人と教養人を明確に区別し，マックス・ウェーバー（Weber, Max., 1854-1920）が精神なき専門人，心情なき享楽人と指摘したことを思い出す必要があろう。オルテガ・イ・ガゼット（Ortega y gasset, 1883-1955。スペインの哲学者。ニーチェの生の哲学から出発）も，このような精神を持たぬ専門人や知識人を「新野蛮人」と称した。ここでいう専門人や知識人とは，石田英一郎（前出）によれば「専門化した特殊な分野の仕事に従事し，その分野ではこの上もなく深い知識と経験を持っているが，自分の仕事が全体との関わりのなかで，さらにまた，人類の運命にとって，どのような意味を持つのかといったことはまったく知らないし，また知ろうとする内面的要求も持ち合わせていない人物」に相当するだろう。

産業化が進んだ近代以降，そしてとくに知識の分断化が進行している現代において，このような傾向が強化されてきたことは事実である。

2　知識の分断化

1960年代以降，サルの研究が医学・薬学・公衆衛生学などに役立つと知ったとき，その分野の研究者たちは競ってサルの研究に着手しようとした。たちまちにして，サルたちは研究者の旺盛な需要に応じきれなくなり，生存の危機に追い込まれることになった。

　　　＊　ドイツのマールブルクの精神医学者。体格と性格の関連性について研究。人間の性格を細長型，肥満型，闘士型，発育異常型の4型に分け，各型と性格の関連性を見いだした。

果たして研究とは常に，神聖にして侵すべからざる免罪符なのだろうか。一方で開発という美名の元に，自然は破壊され，住処を逐われたサルたちの危機はいっそう拍車がかけられることになった。いつの間に人間は自然界の頂点に位置する暴君になったのだろうか。実験や実証のためには，人間以外の生物や自然はいくら痛めつけても，というベーコン以来の科学的発想がしからしめたとしか言いようがない。

19　人間にとって環境とは

1　環境という言葉の不備

　旧石器時代のアニミズム的世界では，まだ人類は自然的存在だった。自然の一部だった。原史時代から古典時代に入ると，人類は自然界から突出してしまった。デカルト以来は，自然界は完全に人間にとって外の世界になってしまった。

　産業主義以後は，自然はますます人間によって破壊されるようになった。そして今，ふたたび人類にとって環境とは何かが問われるようになった。

　しかし，環境という表現はまことに適切でない。たかが言葉の問題というかも知れないが，言葉は思考の拠点になるものであり，それが適切でないと，思考そのものが大きくずれたものになる恐れがあるからだ。それ故，人間にとって環境とは何かについて，人類学的に考察しておく必要があろう。それは人間存在そのものを考え直す契機にもなるはずである。

　「環境」という言葉は，その字が示すように，自分を取り巻く外部の世界を意味し，自分自身は除外されている。あるとすれば，二次的に消極的な受け身の関係にあるだけだ。英語（environment）でもドイツ語（Umwelt）でも事情は同じである。

　だが，ウサギのいないウサギだけの環境というものがあるだろうか。ウサギ

がいなければウサギの環境もないはずだ。さらに，空気や水や適切な気温などのような環境と無関係に，生きたウサギだけが存在するだろうか。つまり，動物たちは自分と自分が生きていく上で必要な外的条件のあいだに，つねに切っても切れない系（システム）を形成していることがわかる。その系は動物によって異なることは自明の理である。たとえば，水中生活するフナやコイと陸上生活するウサギとでは，その系つまり環境はまったく異なる。にもかかわらず，環境に代わる便利な言葉が見つからないので，ここでは環境という言葉をそのまま使用することにするが，その中身は「動物と，その動物が生きていくための外的条件のあいだに形成される系」のことと理解していただきたい。

　動物にとって自分の生命の維持と無関係な刺激は，まったく存在しないも同然で，必要な刺激だけとのあいだに閉鎖的な系を形成している。だから，その刺激を受け取る感覚器官は，動物にとっては初めから生きるために必要な刺激だけを通すフィルターのようなもの。つまり生存に不必要な刺激を感覚器官は通さない仕組みになっている。だから，動物の感覚器はもともと選択の働きを持ち，茫漠たる外界から自分に必要な条件を環境として切り取るように仕上がっている。だからたとえば，トカゲはどんなにかすかな枯れ葉の音にもびくつくのに，そばでピストルが鳴っても素知らぬ顔だ。

　ダニのメスは感覚として，明度覚，嗅覚，温度覚を持つだけだ。皮膚の明度覚で木に登り，嗅覚と温度覚で木の下を通る動物を察知し，落下してその動物に取りついて血を吸う。ダニのメスにとっての環境は，これら3感覚だけで構成されている。

　このような事情だから，まったく同じものが，動物によって違った価値を持つということもありうる。1本の樫の木でも，その根本に巣を作るキツネにとっては屋根であり，窪みに巣を作るフクロウにとっては風避け，リスにとってはよじ登るもの，トリにとっては巣を作るところ，アリにとってはただ樹皮あるのみだ。

2 人類環境の質的変化

人間にとってもこのような条件，つまり空気や水・動植物性の食物・気温などで成り立っている部分がある。これを「生理的環境」という。この部分が不調を来すと病気になるし，その原因が人為的な場合には公害という。しかし人間では，このような生理的環境だけで終始しているわけではない。

生きていく上で，外敵や仲間どうしの関係が調和されていなければならない。これを「社会的環境」という。それを取り巻くように，「物質文化的環境」，さらにその上部に「精神文化的環境」といった具合に，人間では環境の中身がいちじるしく大きくなった。これを「環境の量的拡大」(Storch, O., 1948)＊ という。

しかし，人間の環境を量的にだけみるのは適当ではない。人間は技術により，みずからの環境をみずからの手で創り出すだけでなく，精神文化的に質的な転化を生じ，本来と異なったものにしてしまっている側面を見落としてはならない。

3 食は個体維持に留まらず，性は種族維持に留まらず

マグロの刺身が食べたいときに，栄養価は上だといってイワシを出されても，気分は晴れまい。青大将の蒲焼きに舌鼓うつ人は果たして何人いるだろうか。イスラム教ではブタを食べないし，ヴェジタリアンは肉食をさける。このように食は慣習や文化により，つよく規制されている。健康や個体を維持する以上に文化的な嗜好に影響されているのである。

同様にして性は本能まる出しではなく，その部族や民族の道徳や価値観によりコントロールされ，交際・婚約・結婚と，民族それぞれのしきたりがあり，もっとも生物学的と見られる出産でさえ，いろんな祝いや儀式があり，家族間

＊ Die Sonderstellung des Menschen in Lebensabspiel und Vererbung., Wien.

の愛にまで昇華する。

4　人間の精神的環境

　人間の精神的環境はきわめて多様である。慣習や価値観がちがう民族は，それぞれ自前の環境を形成している。この論理をもっと押し進めると，一人ひとりの環境もちがうことになる。
　同じひとつの山をみても，材木商人は木材の産出高に算盤をはじき，猟師は獲物のことを考える。絵描きは季節の移ろいに見せる色彩の変化をどうすればカンバスに再現できるかと工夫する。詩人は山から受ける感動に言葉を探す。信仰家は，その神々しさに打たれて信仰の対象にする。このように精神文化的環境は各人で異なり，閉鎖的でなく，どこまでも拡大する。また，このようにして人間の精神はどこまでも成長する。それが個人的な人間観を形成することになるのである。

● 20　人間観の新しい地平

　20世紀後半の世界は，人間の意識構造はもとより政治・経済・社会や科学・技術の分野でも大きく変革した。交通や情報手段も飛躍的に変化し，資源の開発・利用，食糧，疫病，人口増加，環境保全などの人類福祉に直接かかわる問題も，一国だけでは解決せず，国際規模・地球規模で考えることを余儀なくされるようになった。局地的紛争ひとつ見ても，その背後には多くの国々の利害関係や宗教，言語，民族的・歴史的事情が複雑に絡み合い，もはや局地的視野では解決しない。
　そして，ひとたび大戦ともなれば，その被害は人類の存続を左右する危険すらある。
　このようなことから設立されたのが国際連合だった (1945)。さらに，1955

年には，ラッセル，アインシュタイン，湯川秀樹ら8人の科学者の共同宣言がなされた。それによれば「この機会に我々は，ある特定の国民としてでなく，また，ある特定の大陸にすむものとしてではなく，さらにある心情や主義の代表者としてでもなく，その存続が脅かされつつある人類，ヒトという生物種の一員（ホモ・サピエンス）として，ここに呼びかけているのである」という人類共同体意識が明瞭に見て取れる。石田英一郎は，この宣言のなかで「人間」意識が，いちじるしく変革していることを指摘した。

しかし1970年代になると，人間の意識はさらにいちじるしく変化し，グローバルになったことを指摘しないわけにはいかない。むしろ宇宙的視野といった方が適当かも知れない。人間は宇宙にまで飛び出すことが可能になったのだ。「宇宙空間へと飛び出し，地球がぐんぐん後退していったとき，国境が意味を失い始めた。彼らはもはや特定の国，階級，人種にでなく，全体としての地球と人類にアイデンティティを感じた」。

これは宇宙空間へと飛び出した飛行士たちが，異口同音に感じたことだという。

上記の科学者共同宣言から，わずか10数年にして人類の意識はこうも変化したのである。つまり人類中心的な「地球上の運命共同体」という意識から，さらに一歩進んで，地球自体が自己組織能力を持った生命体だというのである。人間も他の動物や植物もすべて，地球というひとつのシステムに組み込まれた部分に過ぎないという意識がここにはある。人類共同体という人間を中心に据えたおごり高ぶった意識は見られない。デカルトやベーコン的発想も大きく超越していることがわかる。

これは人間の精神史もしくは人間観にとって，かつてない大きな意識革命であり，今後この延長線上で，動植物や自然と共存互恵的に接していく姿勢がますます重要になってくるだろう。さもなければ，人類は地球上のガン細胞となり，地球生命システムという宿主をむしばみ，その死とともに，みずからも死滅するという最悪の皮肉に遭遇することになろう。

参考文献

江原 昭善（1984）『人類の起源と進化—人間理解のために—』 裳華房, 東京.

江原 昭善（1994）『人類—ホモ・サピエンスへの道』 改訂版第7刷, 日本放送出版協会, 東京.

Schwidetzky,I.,(1959) : Das Menschenbild der Biologie., Gustav Fischer Verlag, Stuttgart.

Storch,O.,(1948) : Die Sonderstellung des Menschen in Lebensabspiel und Vererbung.,Wien.

Weidenreich,F.,(1925) : Domestikation und Kultur in ihrer Wirkung auf Schaedelform und Koerpergestalt.,Z. Konstitutionslehre.,11.

Eickstedt,E.F.,1940 : Die Forschung am Menschen.,Ferdinand Enke Verlag, Stuttgart.

* Malefijt, Annemarie de Waal,1974 : Images of Man.

マルフェイト／湯本和子訳（1986）『人間観の歴史』 思索社, 東京.

* Landmann, Michael,1969 : Philosophische Anthropologie.,Walter de-Gruyter & Co. Berlin.

ラントマン／谷口茂訳（1972）『人間学としての人類学』 思索社, 東京.

Remane, A. (956) Die Grundlagen des naturlichen Systems, der vergleichenden Anatomie und der Phylogenetik : Theoretishe Morphologie und Systematik.,Akademische Verlagsgesellschaft, Geest & Portig K.G.,Leipzig.

三木清編（1947）『現代哲学辞典』 日本評論社, 東京.

石田英一郎（1968）『人間を求めて』 角川書店, 東京.

江原・渡邊（1976）『猿人アウストラロピテクス』 中央公論社, 東京.

江原 昭善（1998）『人間はなぜ人間か』 雄山閣, 東京.

江原 昭善（2001）「『人間』を再考する」創第2号, 椙山女学園大学, 名古屋.

　このほか, 多数の単行本類や事典類を参照したが, 周知の古典については割愛した。この場所を借りて, 先人諸子の労作に畏敬の念と感謝の意を表したい。

3 人類学の歴史

□ 山口　敏

● はじめに

　この章では，人類学の範囲を「人類の自然史」に限定し，18世紀の自然史科学の発展の中から出発したこの学問分野の歴史を，いくつかの主要な流れにそって，ほぼ年代の順にたどってみることとする。本稿の執筆に当ってはハッドン，シュヴィデツキーおよび寺田の人類学史（Haddon, 1934；Schwidetzky, 1988；寺田, 1975）をはじめとして，多くの先人の労作を参考にさせて頂いた。

● 1　自然の体系と人類——人類学前史

　18世紀のヨーロッパでは，自然界に関する科学的な知識は飛躍的に増大していたが，時間軸に沿った進化という考え方は未熟であった。人類に関する科学的関心は，主として自然界における人類の位置の問題と，地球上における人類のさまざまな変異型（varieties）の分類の問題に向けられていた。
　生物の基本的な分類単位である種（species）について，ラテン語の属名と種小名を並べて学問上の正式の呼称とするという，いわゆる二名法を提唱し，そ

れによって当時知られていたすべての動植物に学名を与え，相互の位置関係を明らかにして，体系的な生物分類の基礎を築いたのが，スウェーデンのウプサラ大学の植物学者リンネ（Carl Linné，ラテン名 Carolus Linnaeus, 1707-1778）であったことはよく知られている。リンネの著書『自然の体系（Systema Naturae)』は初版が1735年に出版されて以来，たびたび版を重ね，その都度改訂増補されたが，とくに1758年に刊行された第10版が決定版とされている。

リンネはこの著書の中で人類にホモ・サピエンス（*Homo sapiens*）という学名を与え，ホモ属を，シミア（*Simia*）属（サル類），レムリア（*Lemuria*）属（キツネザル類），ウェスペルティリオ（*Vespertilio*）属（コウモリ類）と一緒にプリマテス（Primates）（霊長類）という目に分類した。なお，ホモ属にはサピエンス種のほかにシルウェストリス（*sylvestris*）という種（類人猿）も含めており，サピエンス種をさらに幾つかの変異型に細分した。リンネが類人猿をホモ属の中に位置づけたのは，1699年に発表されたイギリスの解剖学者タイソン（Edward Tyson, 1650-1708）によるチンパンジーの比較解剖学の報告書（Orang-Outang, sive Homo Sylvestris：or, the Anatomy of a Pygmie Compared with that of a Monkey, an Ape, and a Man）の影響によるものであったと考えられる。

現代の動物分類の体系ではコウモリ類は霊長類からはずされ，独立した翼手目に入れられているが，その点を除けば，霊長類の分類の大枠はとくに変わってはいない。リンネは厳密な自然科学者としての眼と，真摯なキリスト教徒の信仰を合わせ持っていたと言われるが，キリスト教神学の影響力が絶大であった時代背景を考えると，ヒトを動物の一種として分類体系の中に位置づけ，サル類と同じ目に入れ，しかも類人猿との近縁性を強調したこの分類表の意義は計り知れないものがあったと言えよう。

ホモ・サピエンスの中の変異型としてリンネは次の6種類を挙げた。

Homo sapiens ferus　　　　　　*Homo sapiens asiaticus*
Homo sapiens americanus　　　*Homo sapiens afer*

Homo sapiens europeus　　　*Homo sapiens monstrosus*

　このうち，最初と最後の *H. s. ferus* と *H. s. monstrosus* は野性人と奇形人を指しており，人類の変異性に関する当時の認識の曖昧さを物語っているが，残りの4型はアメリカ人，ヨーロッパ人，アジア人，アフリカ人を指している。この4型分類は主としてそれぞれの皮膚の色（赤，白，黄，黒）に基づいていた。

　リンネと同時代の自然史科学者で，人類の自然史に深い関心を寄せた人に，フランスの貴族ビュフォン（G. L. L. de Buffon, 1707-1788）がある。リンネが生物の形態に基づいて種をピジョンホール式に分類し，さらに階層的な分類体系を確立しようとしたのに対して，ビュフォンは属や目や綱といった分類階層は単なる空想の産物にすぎないと批判し，著書『博物誌（Histoire Naturelle Générale et Particulière）』（1749-1789）の中でリンネとはまったく対照的に，形態よりも機能や環境に着目し，固定的な分類よりは種の変異，因果関係，あるいは類縁関係に関心を寄せ，ヒトに関しても動物とのつながりや，人種差の原因を考察した。リンネがヒトを霊長類の中に位置づけながら，あくまでも創造説の立場を守っていたのに対して，ビュフォンは地質年代の途方もない長さを予見し，のちの生物進化論にきわめて近い考え方をもっていたようである。当時家畜の品種について使われていた 'race' という言葉を人類の変異型にはじめて使ったのもビュフォンであった。かれはヒトの皮膚色や身長などにみられる多様性は気候と食物の影響によって生じたものであり，外見がいかに違っていても，ヒトは互いに交配して，生殖能力のある子を生むことができるということを強調した。

　リンネとビュフォンの影響を強く受けながら，人類の変異型を深く考察し，のちに人類学の父と呼ばれるようになったのが，ゲッティンゲン大学のブルーメンバッハ（Johann Friedrich Blumenbach, 1752-1840）である。最初1775年に出版されたかれの主著『人類の自然の変異型について（De generis humani varietate nativa）』は，第3版（1795年）まで刊行されて広く読まれたもののようである。この本の主題は，人類は異なる複数の種からなっているのか，そ

れとも人類は1種であり，その地理的な変異型は単なる変種にすぎないのか，という問題であったが，ヒトと他の動物との差が明確であるのに対して，ヒトの変異型の間にみられる皮膚色，頭形，身長，身体比例などの差が絶対的なものではなく，すべて互いに連続的に移行しているところから，ヒトの変異型の分類は所詮は恣意的なものとならざるをえず，したがってヒトはすべて一つの種に属する，というのがブルーメンバッハの結論であった。かれがあくまでも恣意的なもので，絶対的なものではないと断りながら挙げた人類の変異型の分類は次のようなものであった。この分類の中ではリンネの挙げた野性人や奇形人は除かれている。

　　1) コーカサス人（ヨーロッパ，ガンジス以西の西アジア，北アフリカ）

　　2) モンゴル人（残りのアジア，フィン，ラップ，エスキモ）

　　3) エチオピア人（北アフリカを除く全アフリカ）

　　4) アメリカ人（エスキモを除く全アメリカ）

　　5) マレイ人（太平洋の全集団）

　ヨーロッパと西アジア，北アフリカに分布する集団をかれがコーカサス人（Kaukasische Rasse）と呼んだのは，一つには当時コーカサス地方の人がもっとも美しいという認識が一般にあり，たまたまかれの収集した頭骨標本の中でもヨーロッパ人の特徴をもっともよく示す頭骨がコーカサスのグルジア人女性のものであったことと，もう一つはこの地方が人類発祥の地であった可能性が高いと考えたからであった。当時かれのコレクションを訪れた人びとの間で，このグルジア人女性の頭骨は特別に注目の的になっていたと伝えられている。かれの使った分類名のうち，コーカサス人とモンゴル人はその後も多くの人類学者によって踏襲され，現在でもコーカソイド，モンゴロイドという用語の形で使われていることは周知のとおりである。

　人類を一つの種と考えるブルーメンバッハの一元説（monogenism）は，コーカサス人が人類本来の姿を代表するものであり，他の変異型はすべて多かれ少なかれ本来の姿から変質（degenerate）したものであるとする考え方でもあった。

ブルーメンバッハは世界各地の人類頭骨を収集し，当時としてはかなりの規模の頭骨コレクションを作りあげていた。かれはとくに頭骨の上面観の輪郭の形に注目して，上述の分類のさいにも参考にしている。1790年から1828年にかけてこれらの頭骨のカタログ（Decades Craniorum）も出版しており，ブルーメンバッハは頭蓋学の父祖の一人にも数えられている。かれが後年に国際的に人類学の父と呼ばれるようになったのは，人類の本格的な分類を最初に試みたということもあるが，主著の第3版の序文で，はじめて人類学（anthropologia）ということばを，現代とほぼ同じ意味で使ったことにもよっている。人類の形態や適応能の多様性を考察し，家畜との類似をはじめて指摘したのもブルーメンバッハであった。

2　洪水以前の人類──更新世人類の発見

　19世紀に入ると，素朴な形ながらもラマルク（J. B. de Lamarck）のように生物進化論を唱える人びとが現れ，また一方では地質学や古生物学の分野の知識もしだいに蓄積し，遠い過去に絶滅した動物の骨と考えられる化石が各地で知られるようになった。しかし，これらの化石を研究したパリ自然史博物館のキュヴィエ（George Cuvier）は，これを進化説ではなく，カタストロフ説で説明し，人類は最後のカタストロフである大洪水のあとで初めて出現したものと考えていた。
　ヨーロッパの各国で動物化石の残りやすい石灰岩洞穴内の堆積物の調査が行なわれるうちに，時として絶滅動物の化石といっしょに，明らかに人の手で加工されたと思われる石製品が発見されることがあった。しかしキュヴィエをはじめとする19世紀前半の学界の有力者たちは，このような共伴関係を認めようとはせず，古い堆積層に後世の人工品が偶然に紛れ込んだものと解釈するのが常であった。
　人類の過去が絶滅動物の生きていた時代まで遡ることはありえないという，

当時のヨーロッパで支配的であった歴史観を根底から打破するきっかけを作ったのは，北西フランスのアッブヴィルに住む税関検査官で，アマチュア考古研究家でもあったブーシェ・ド・ペルト（Jacques Boucher de Perthes, 1788-1868）であった。かれは1930年代に絶滅動物の化石の含まれるソーム川の段丘の礫層から人為的に加工された石器を発見し，それを洪水以前の人類の存在を証明するものとして発表した。この発表は，人類の化石はありえないと主張するキュヴィエの影響下にあった当時の学界からはきびしい懐疑の目で受けとめられていたが，その後1854年になって，おなじソーム川をさらに遡ったところにあるアミアンの近くのサンタシュール（Saint-Acheul）で，かれに対する反対論者であったリゴロー（M. J. Rigollot）が，疑問の余地のない握斧を発見し，一転してブーシェ・ド・ペルトの支持者となったため，ようやく人類の古さがしだいに認められるようになっていった。さらに1859年にはイギリスから地質学者の一行がソーム川流域の遺跡を訪れ，フリント製の石器が撹乱のない段丘礫層の原位置で出土するのを確認して帰国した。この一行の中にはライエル（C. Lyell）やプレストウィッチ（J. Prestwich）などの有力者が含まれており，王立協会でのかれらの報告を機会に，人類の古さに関する新しい認識は急速にイギリスの学界にも浸透していった。

氷河期（洪積世，更新世）の石器文化の研究はその後もフランスを中心に進められ，今日では更新世の代表的な旧石器文化はフランスの基準遺跡の名にちなんで命名され，それが広く国際的に使われている。前期旧石器時代の代表的なアシューレアン石器文化は，リゴローが最初に握斧を発見したサンタシュール遺跡にちなんで付けられた名称である。

一方，これらの旧石器を製作した人類そのものの遺体の方は，骨の保存条件が限られているため，発見される機会はごく稀であった。そのため各時代の人類の実体についての認識は，旧石器研究に比べてかなり遅れざるをえなかった。

更新世人類の化石と思われるものがドイツのデュッセルドルフ近郊のネアンデルタールという渓谷の岸辺の洞穴ではじめて発見されたのは，1856年のこ

とである。この渓谷は，かつてここをこよなく愛したヨアヒム・ノイマンという17世紀の詩人のギリシャ語のペンネーム（Neander）に因んで，地元の人たちがネアンデル谷(タール)と呼ぶようになったと言われている。ネアンデルタールでは，当時建築用の石灰岩の採石が行なわれており，石灰岩洞穴に溜っていた不要な土砂を浚渫していた時に人骨の化石が出土し，いったんは投げ捨てられていたところを運よく地元の高等学校のフールロット（Johann Carl Fuhlrott, 1803-1877）という教師に発見された。かれはかねてからこの地方の化石や地質を研究していたので，直ちにこの骨の重要性に気づき，散乱した骨を拾い集めてボンの大学に持参し，解剖学者シャーフハウゼン（Hermann Schaaff-hausen）と共にこれを研究して発表した（Fuhlrott, 1859）。

　これがのちにネアンデルタール人類と総称されるようになる大きな人類集団のタイプ標本となったものであるが，化石人骨の発見それ自体はこれが初めてではなく，すでに1848年にジブラルタルの石灰岩山地の採石場で立派なネアンデルタール型の頭蓋化石が発見されていたことが，あとになってから明らかになった。ジブラルタル人が発見されたのは，化石人類の存在を受け入れる下地が学界にまだできていない時期であったため，長いあいだ不問に付されたままであった。

　フールロットとシャーフハウゼンは頭蓋冠の厚さ，眉稜部分の重厚さ，大腿骨の湾曲などに注目し，この化石を太古の，おそらくは氷河時代の人類の遺骸と考えて学会に発表したのであるが，残念ながらこの人骨にはその古さを証明できる動物化石や石器がともなっていなかったため，いま一つ説得力に乏しく，さまざまな批判が行なわれた。中でもとくに影響の大きかったのは，ベルリン大学の病理学の教授で，人類学の大御所的な存在でもあったウィルヒョウ（Rudolf Virchow, 1821-1902）が，この人骨に佝僂病特有の変形を認め，形態の原始性に疑問を抱いたことであった。ウィルヒョウは細胞病理学の概念を確立したことで有名であるばかりでなく，政治家としてもビスマルクの帝国主義的政策に反対する有力な論客として大きな存在であった（Ackerknecht, 1953）が，人類学界ではネアンデルタール化石の認知を拒否したことから，頑迷固陋

な人物の典型のように言われることがある。しかし，ネアンデルタール人骨に佝僂病の痕跡があることは事実であり，これを病的と断じたこと自体は誤りであったとは言えないし，また年代の古さを証明する共伴物が一切欠けていた事情を考えれば，かれがこの人骨に対してとった消極的態度は，科学者としてむしろ当然のことであった，という評価もある（Brace and Montagu, 1877）。

　ネアンデルタール人発見の3年後の1859年にはイギリスでダーウィン（Charles Darwin）の進化論が，その著書『種の起源（On the Origin of Species by Means of Natural Selection）』の中で発表され，大きな反響を巻き起こしながら，しだいに学界に浸透していった。ダーウィン自身は『種の起源』の中ではヒトの進化にほとんど言及しなかったが，この学説をいち早く受け入れてその普及に力を尽くしたハクスリー（Thomas Henry Huxley, 1825-1895）が，『自然における人類の位置（Evidence as to Man's Place in Nature）』（1863）を著し，その中でこのネアンデルタール人骨の類猿的な特徴を紹介したため，ドイツでよりも一足はやくイギリスでこれが化石人類として認められることとなった。翌1864年にはアイルランドの解剖学者キングがこの化石をヒト属の新種のものと認め，ホモ・ネアンデルターレンシス（*Homo neanderthalensis*）と命名した。

　さきにも述べたように，ネアンデルタール人骨の場合は，採石場の作業員による排土作業で見つかったという事情もあって，時代を物語るような動物化石や石器類が一切発見されていなかったが，1868年には南西フランスのドルドーニュ県レゼイジーに近いクロマニヨン岩陰遺跡で，保存状態の良好な5体分の人骨化石が旧石器やトナカイ，バイソン，マンモスなどの絶滅動物の骨と一緒に発見された。鉄道建設の工事の際に偶然発見されたものであるが，この場合は資料の取り上げに地質学・先史学者のラルテー（E. Lartet）が立会い，動物化石や石器が人骨と同時代のものであることを確認した。クロマニヨン人骨はパリ人類学会のブローカによって詳細に研究され，記載されたが，先に報告されていたネアンデルタールの人骨とはまったく異なり，形態的に現代のヨーロッパ人の骨格とそれほど大きな違いはなかった。このことが再びネアンデル

タール人に対する疑念を呼び覚ますこととなった。

　しかし，1886年になってベルギーのスピーの洞窟遺跡で，ネアンデルタール人とほとんど同じ特徴を備えた人骨2体が毛サイ，マンモス，ホラアナグマ，ハイエナなどの絶滅動物の化石と打製石器をともなって発見され，これによってネアンデルタール人が確かに更新世の旧石器時代人であったことがようやく完全に立証されることとなった。ネアンデルタール型の化石人類の発見はその後も各地で行なわれ，現在ではそれがドイツ，ベルギー，フランス，イタリアなど西ヨーロッパを中心に東はロシアや西アジアまで広く分布し，時代は旧石器時代の中期，ムステリアン文化期であったことが明らかになっている。また，クロマニヨン人型の化石人骨もその後各地で発見され，それらがネアンデルタール人よりも年代的にやや新しい，旧石器時代後期の文化をともなうものであることもしだいにわかってきた。

　最近は人類の進化を猿人，原人，旧人，新人の4段階に分けて考えることが多い。その場合ネアンデルタール人類はヨーロッパを中心とする地域の旧人段階を代表する人類であり，クロマニヨン人とその同時代人たちは新人段階に属するものと考えられている。

3　学会の設立——人類学の制度化

　1859年は，イギリスでダーウィンの『種の起源』が発表された記念すべき年であるが，人類学の歴史においては，ブローカ（Paul Broca, 1824-1880）によって世界最初の人類学会がパリで結成された重要な年でもあった。

　フランスでは1626年に薬草園として設立されたパリの植物園（Jardin des Plantes）が自然史科学の研究と教育普及の中心として大きな役割を果たしていたが，のちにこれが自然史博物館（Musée d'Histoire Naturelle）に発展し，19世紀に入ってここにヒトの解剖学と自然史の講座も設けられ，1855年には人類学講座と改称されてカトルファージュ（A. de Quatrefages, 1810-1892）が

講座を担当するようになっていた。人類学の社会的な認知がもっとも早く行なわれた例と言えよう。

パリ人類学会（Société d'Anthropologie de Paris）を創立したポール・ブローカは，元来医学者で，外科学と神経解剖学の分野で著名な業績を挙げ，とくに大脳皮質の運動性言語中枢の発見者として，医学史にも令名を残した人物である。かれの発見した言語中枢は今日しばしばブローカの中枢とも呼ばれ，この中枢の損傷に起因する症状はブローカの失語症と呼ばれている。かれは現代的な意味での人類学という学問を体系化し，それを制度化に導いた功労者でもあったが，晩年には上院議員にも選出されるなど，さまざまな分野に大きな足跡を残している（Schiller, 1979）。

ブローカが人類学に関心を寄せるようになったのは，パリのある古い教会墓地の発掘で出土した人骨の研究を依頼され，報告書をまとめたのがきっかけであったとされている。頭蓋学から始めてしだいに広く人類学，自然史科学関係の文献を研究し，やがてヒトと動物の関係や人種の起源の問題を深く考えるようになり，1858 年には人種間の混血についての論文を発表するにまで至った。かれはその中で，人類を純粋人種と劣化人種とに分けて奴隷制を肯定していた当時の人類単元論（monogenism）を批判したが，それに対してかれの属していた生物学会の会長から，そのような議論からは手を引くべきだという勧告を受けた。このことから，ブローカは人類学の問題に関して開かれた自由な討論の場を作る必要があると痛感し，人類学会設立の運動にとりかかったと言われている。

ブローカは同僚の医学者や自然史博物館の研究者など 18 人の署名を集めて学会の設立を政府に申請した。紆余曲折のあと当局からは，政治と宗教に関わるテーマを取り扱わないことと，学会の集会に警察官 1 名を臨席させることを条件に設立が許可された。こうしてパリ人類学会は 1859 年 5 月 19 日に第 1 回の会合を開催した。ブローカは自由な討論の司会に徹するため会長には就任せず，自らは幹事（のちに総務幹事 secrétaire général）の役にとどまった。会員数は 1 年後には 100 名となり，警官の臨席は 2 年後に廃止となった。ブローカ

が比較解剖学，古生物学，医学，考古学，民族学，人口学，言語学といった多様な分野の研究者たちを一堂に集めて，人類学を一定のコースにのせていなかったならば，今日の人類学は存在しなかったのではないかと言われている。

学会は設立の翌年から機関誌として「会報 (Bulletins)」と「研究報告 (Mémoires)」を刊行した。これら2誌は1900年に統合され，"Bulletins et Mémoires de la Société d'Anthropologie de Paris" として今日まで続いている。機関誌の内容ははじめは民族学や先史学の分野も含んでいたが，19世紀の末頃以来，自然人類学分野の発表が劇的に増加し，以来この分野が支配的になっている。ブローカは1867年に私的な機関として人類学の研究室を作ったが，これは翌年からパリの高等研究院 (École Pratique des Hautes Études) に編入されて公的な機関となった。この研究室から人類学の次代を担うアミ (J. T. E. Hamy)，トピナール (P. Topinard)，マヌヴリエ (L. P. Manouvrier) などの後継者が輩出した。1938年にはヴァロワ (H. V. Vallois) が総務幹事となって1969年まで在任し，学会の発展に大きく貢献した。こうしてブローカの人類学会は順調に発展し，130年以上の時を刻んできたが，人類学がパリ大学で講座としての地歩を占めたのは，学会の設立よりはるかに遅れ，1965年，オリヴィエ (G. Olivier) の時代になってからのことであった。

フランスの人類学が医学者のブローカの主導のもとに，はじめから自然人類学中心で発展していったのに対して，イギリスの人類学は，自然人類学ばかりでなく，文化人類学や社会人類学をも包括した総合的な人類科学として発展し，その傾向をいまだに強く維持して現在に至っている。この国ではすでに1848年に民族学会が設立され，自然人類学の研究者もそれに参加していたが，この会の会員の一人であったハント (James Hunt, 1833-1869) が，人類生物学的な人類学だけの学会の必要性を説き，1863年にロンドン人類学会 (Anthropological Society of London) を創設した。しかし創始者のハントが早逝したため，この学会は長続きせず，結局1872年に民族学会と統合されることとなった。統合後の学会の新名称にはハントが愛重した人類学の名が残され，"Anthropological Institute of Great Britain and Ireland" となった（1907年か

らはこれに Royal が冠されるようになった)。なおハントは，人類学者としては例外的に，多元論（人類は複数の種からなるという考え方）の立場を鮮明にした人であった。かれは 1863 年に学会誌に発表した論文の中で，ニグロはヨーロッパ人とは別の種に属し，ヨーロッパ文明には適合しない，と述べている。

　大学ではタイラー（E. B. Tylor, 1832-1917）が 1883 年からオクスフォードで人類学を講じたが，その内容は民族学を主体とする総合的なものであった。自然人類学の専門家による講義が行なわれるようになったのは，1908 年にタイラーが引退し，教授陣が拡充されてからのことであったが，実際に講義を担当したのはトムソン（A. Thomson），バクストン（D. Buxton），ル・グロ・クラーク（W. E. Le Gros Clark）など，オクスフォードの解剖学者たちであった。

　イギリスの場合，「人類学」は第一義的には文化人類学・社会人類学を指しており，自然人類学の研究の多くの部分は解剖学者たちによって担われてきた。古くはエジンバラ大学のターナー（W. Turner）や王立外科医学院のデイヴィス（J. B. Davies），また 20 世紀に入ってからは同じく王立外科医学院のキース（Arthur Keith），ヒル（W. C. Osman Hill），ケンブリッジ大学のダックワース（W. L. H. Duckworth），オクスフォード大学のル・グロ・クラークなどの名前を挙げることができる。ターナーとデイヴィスは頭蓋学の研究と頭蓋カタログの編集で，またキースはピルトダウン論争での活躍やカルメル山化石人骨の記載と研究で，ヒルは霊長類学の研究で，ル・グロ・クラークは人類進化に関する広範な研究でそれぞれ大きな業績を残している。

　近年では，イギリスの人類学がますます社会科学の色彩を強めている中にあって，生物としてのヒトを対象とする研究分野は，「人類学（anthropology）」ではなく，「人類生物学（human biology）」と呼ばれるようになってきている。1955 年には独立した人類生物学の学会（Society for the Study of Human Biology）が結成され，1974 年からは機関誌（Annals of Human Biology）が刊行されている。この学会の主要な関心は伝統的な人類の進化や形態変異よりも，集団生物学，人口学，人類遺伝学，生態学，疫学，成長などの分野に向けられており，国際的にも先導的な役割を演じている。

フランス，イギリスの次に人類学会が結成されたのはドイツであった。はじめ 1861 年にベーア（C. E. von Baer）の呼びかけで，ブルーメンバッハゆかりの地ゲッティンゲンで人類学者の集会が開かれ，計測法や計測器の統一の問題が話合われた。続いて 1866 年に人類学と原史学の専門誌として人類学雑誌（Archiv für Anthropologie）が創刊され，その後ほどなくして，1869 年にベルリン人類学・民族学・原史学会，つづいて翌 1870 年にはドイツ人類学会が結成され，前者は民族学雑誌（Zeitschrift für Ethnologie）を創刊し，後者は上述の人類学雑誌を学会機関誌として受け継いだ。

創立当時のドイツの学会の会員には医師と解剖学者が圧倒的に多く，次いで先史学者が含まれていたが，当時の最有力会員はかの有名な病理学者ウィルヒョウであった。かれの名声も幸いして学会は順調に発展し，詳細な頭骨カタログの刊行や大規模な生体調査などの事業を実施したが，大学での講座の設置は 1886 年のミュンヘン大学が最初であった。初代の人類学教授にはドイツ人類学会で長年総務幹事を勤めたランケ（Johannes Ranke）が就任した。かれはドイツ最初の人類学教科書『人類（Der Mensch）』（1886）の著者でもある。２０世紀前半の人類学界に大きな影響を与えた『人類学教科書（Lehrbuch der Anthropologie）』（初版 1914）の著者マルチン（Rudolf Martin, 1864-1925）はミュンヘン大学におけるランケの後任教授である。

20 世紀に入るとベルリン大学を皮切りにブレスラウ，キール，フランクフルト，テュービンゲン，ハンブルクなどの大学に人類学の教室が作られた。大学以外ではベルリンにカイゼルウィルヘルム人類学・人類遺伝学・優生学研究所が設立され，南アフリカの人種混血の研究で有名なフィッシャー（Eugen Fischer）が所長として活躍した。ここでは人類学と人類遺伝学の共同による人類の正常形質の遺伝に関する研究が盛んに行なわれ，その成果は親子鑑定などにも応用された。

人類学と人類遺伝学の連携は第二次世界大戦のあともますます進み，大学の人類学教室の多くは改組されて人類学・人類遺伝学教室に変わり，一部の大学では完全に人類遺伝学の教室になっているところもある。人類学会の組織にも

戦後になって再編成が行なわれ，西ドイツでは1965年以来人類学・人類遺伝学会となっていたが，1992年に東ドイツの学会と統合され，新しい人類学会として再出発した。人類学の専門誌としては，1950年にマインツ大学の人類学教室で創刊された『ホモ（Homo）』誌が，シュヴィデツキー（Ilse Schwidetzky）などの活躍によって，現在もっとも順調に刊行を続けている。

　仏英独以外の諸国での人類学会の設立とその後のおもな動向にも簡単に触れておくこととする。

　ロシアではサンクト・ペテルブルグの人類学民族学博物館の前身であるクンストカメラが1718年にピョートル大帝によって創られて以来，人類学標本の収集が断続的に行なわれていたが，モスクワの帝室自然学会に人類学の部門が開設されたのは1864年のことであった。創始者はモスクワ大学の動物学者ボグダノフ（A. P. Bogdanov）であったが，その活動には民族学や先史学も含まれていた。1876年にはモスクワ大学に人類学の講座が創られ，パリのブローカのもとで人類学を学んだアヌーチン（D. N. Anuchin）がこれを担当した。1892年にはタレネツキー（A. Tarenetzky）によってペテルブルグに人類学会が設立され，ロシア人類学雑誌が創刊された。これらの講座や学会はロシア革命以後も発展を続け，発掘による頭骨収集や諸民族の生体調査が盛んに行なわれた。アヌーチンの後継者ブナク（V. V. Bunak）はルイセンコ時代にその学説に与しなかったため不遇であったが，のちに名誉を回復した。ソヴィエト時代の研究活動の重点は科学アカデミーの研究機関に置かれており，人類学の研究もモスクワとレニングラードの民族誌研究所の人類学部門で活発に行なわれたが，その重点が国内の諸民族の起源と形成過程（ethnogenesis）の解明に置かれていたのが特徴である。

　オーストリアでは1871年にウィーン人類学会が設立された。この学会は文化科学を含む総合的な学会であったが，1913年にはウィーン大学に自然人類学を中心とする人類学教室が創られ，1969年には人類生物学教室と改称されている。イタリアでは1893年にローマ人類学会が設立され，同年ローマ大学にセルジ（Giuseppe Sergi）によって人類学講座が創設されている。

アメリカ合衆国では1888年にアメリカ人類学協会が結成され，機関誌（American Anthropologist）が創刊されて今日まで続いているが，アメリカの人類学はイギリスの場合と同様に，民族学が主体となっており，自然人類学は長いあいだ小さな一分科にすぎなかった．今日，世界でもっとも活発な研究活動を展開しているアメリカの自然人類学界が，独自の学会（American Association of Physical Anthropologists）を組織し，専門の雑誌（American Journal of Physical Anthropology）を機関誌とするようになったのは1930年以来のことである．アメリカ自然人類学の組織化を主として推進したのは合衆国国立博物館のハードリチカ（Aleš Hrdlička, 1869-1941）とハーヴァード大学ピーボディー博物館のフートン（E. A. Hooton, 1887-1954）であり，そのための地均しをしたのがボアス（Franz Boas, 1858-1942）であった．

ハードリチカはチェコスロヴァキアからの移民であったが，学会が創られるより前の1918年にアメリカ自然人類学雑誌（A.J.P.A.）を創刊し，自然科学的な人類学のための専門的な発表の場を確保した．フートンの最大の功績は東部の名門校ハーヴァード大学で人類学専攻の道を開き，多くの研究者を育てたことである．フートンの学生たちはその後全米各地の大学に展開し，第3，第4の世代を育てることとなった．アメリカ最初の自然人類学の教科書 "Up from the Ape"（1946）を執筆したのもフートンである．

ハードリチカの創刊した雑誌はその後自然人類学会の機関誌となったが，それと前後して，1929年には "Human Biology" という専門誌がパール（R. Pearl）によって創刊され，これも現在まで続いている．ハードリチカの雑誌がどちらかといえばヨーロッパ大陸の伝統を踏まえたオーソドックスな自然人類学を中心としていたのに対して，『ヒューマン・バイオロジー』誌の方は，人口学や疫学などの学際的な問題を積極的に扱ってユニークな内容のものとなっている．

第二次世界大戦後のアメリカ自然人類学の発展振りには目覚ましいものがある．自然人類学協会の会員数が1930年の創立当時に83名，1943年に176名であったのが，1981年には1162名，1993年には1686名に達しており，自然

人類学専攻の博士号取得者の数も急増している。このような発展の陰には，人類学研究の促進を目的として1941年に設立されたウェンナー・グレン財団 (Wenner-Gren Foundation for Anthropological Research, Inc.) の貢献があったことも忘れてはならない。アメリカ人類学の最大の特徴は研究者のフィールドが北米大陸に限られず，全世界に及んでいることである。

　ヨーロッパ以外で人類学がもっとも早く根付いたのは日本である。1884年には早くも東京に人類学会が設立され，その2年後から機関誌が発行されて今日に至っている。設立当初の東京人類学会は民族学や考古学まで含む広義の人類学を扱っていたが，民族，民俗，考古などの諸学会がそれぞれ独立してゆき，現在では自然人類学中心の学会になっている。大学における講座も1892に帝国大学理科大学（現在の東京大学理学部）に設立され，坪井正五郎が初代教授に就任したが，人類学科が同大学に開設され，人類学専攻の道が開かれたのは1939年になってからのことである（本章第14節参照）。

4　デュボワとピテカントロプス

　再び化石人類発見史に立ち戻ることとする。ネアンデルタール，クロマニヨンに続く次の大発見はデュボワによるジャワ島でのピテカントロプスの発見である。

　デュボワ（Eugène Dubois, 1858-1940）はオランダに生まれアムステルダム大学で医学を学んだのち解剖学の研究者となったが，学生時代からダーウィンやヘッケル（Ernst Haeckel）などの進化論に魅了され，ネアンデルタール人よりもさらに原始的な，真のミッシング・リンク（失われた鎖の環）の化石を自ら発見することを志していた。そのため，類人猿の生息する熱帯地方のうち，当時すでに類人猿の化石が発見されていたインドに近く，しかも現在オランウータンとギボンが棲んでいる東南アジアを目指すこととなった。当時インドネシアはオランダの植民地となっており，オランダ東インド軍の軍医を志願する

ことによって，国費で渡航することが可能であった。1887年に現地に到着し，上司の理解をとりつけて，化石の探索に精力的に取り組んだ。はじめスマトラ島の各地で探索を試みていたが成功せず，やがて隣のジャワ島で化石が発見されるとの情報を得て，1890年にジャワ島に移り，翌1891年に中部ジャワのトリニルでソロ川のほとりの化石包含層を大がかりに発掘して，待望久しかった頭蓋の化石を発見した。さらにその翌年には頭蓋出土地点の近くで，現代人とほとんど異なる所のない大腿骨も発見した (Theunissen, 1989)。

　頭蓋化石は頭蓋冠の部分だけで，顔も頭蓋底部も保存されていなかったが，眼窩上隆起が強く発達し，高さがひじょうに低く，後頭部の形も現代人とはまったく異なっており，頭蓋腔の容積も推定約900ccで，現代人の約3分の2という驚くべき小ささであった。デュボワはこれこそサル (pithecus) とヒト (anthropus) とを結ぶミッシング・リンクであろうと考え，この生物の属名をピテカントロプス (*Pithecanthropus*) とした。この名称はかつてヘッケルが，いつかは必ず発見されるはずのミッシング・リンクにあらかじめ与えていた仮称でもあった。この生物は，大腿骨の形態から判断して，完全に直立していたと考えられたので，種名は「直立した」という意味で，*erectus* とすることにし，1894年にこれを発表した (Dubois, 1894)。

　翌年デュボワはピテカントロプスの化石を持ってヨーロッパに帰り，各国を回ってこれを研究者の集会で公開し，自分の考えを発表した。しかし，かれのミッシング・リンク説はなかなか受け入れられず，イギリスの学界では人類だとする意見が多く，他方ドイツの学界では類人猿の一種だとする意見が多かった。

　自分が画期的な大発見と考えたものに，ヨーロッパの学界が正当な評価を与えないことに失望したデュボワは，やがてこの貴重な標本を自宅にしまいこんで公開を拒否するようになり，あれほど情熱を傾けた化石の研究からも手を引いてしまい，まったく別の分野の研究に没頭するようになった。ピテカントロプスの意義はその後ストラスブールの解剖学者シュワルベの詳細な研究 (Schwalbe, 1899) によって再評価を受け，ネアンデルタール人類に先立つ人

類進化の一段階を代表するものと考えられるようになっていったのであるが，発見者デュボワの研究者としての後半生はこれとはあまり関係なく，主として現生動物の脳重と体重のあいだの関係を支配する数学的な法則の発見と，それによる各種動物脳の発達程度の評価に捧げられた。かれの考案になる頭化示数 (Kephalisationskoeffizient) は，その後ジェリスン (H. J. Jerison) などによって改良され，現在では化石人類の脳の発達程度の評価にも応用されるようになっている (本講座3「進化」参照)。

ブレイス (Brace & Montagu, 1977) によれば，デュボワがピテカントロプス問題から身を引いた理由の中には，かつてその著書を愛読し，心酔していたヘッケルが，いつしかビスマルクの帝国主義政策の支持者となっており，そのプロシャ軍隊が祖国オランダに侵略の脅威を与えていた，という状況があったということである。ビスマルクの政策に対して公然と反対の論陣を張っていた人類学者ウィルヒョウが，ピテカントロプスを類人猿の一種と考えたことも，デュボワの気勢を著しく削ぐことになったのではないか，とブレイスは推測している。

デュボワは第一次大戦後になって，オランダ科学アカデミーや各国の人類学者たちの強い説得と要請を受け入れ，1923年にようやく貴重な化石の再公開に応じるようになった。現在，これらの化石標本はライデンの国立自然史博物館に保管されている。

ネアンデルタール人より古い段階の人類化石としては，1927年以降になって中国北京市郊外の周口店で多数の原人化石が発見され，結局これがデュボワのピテカントロプスと合わせて，ホモ・エレクトゥス (*Homo erectus*) としてまとめられることになるのであるが，それより前の1907年にドイツのハイデルベルク近郊のマウエルで，明らかにネアンデルタール人よりも原始的な下顎骨が発見され，シェーテンザック (O. Schötensack) によって報告された。共伴した動物化石は第1間氷期のものと考えられており，これによってヨーロッパでの人類史も大幅に書き換えられ，ネアンデルタール人類よりも遙かに古くまで遡ることとなった。

5　国際会議と計測法の統一

　人類学関係の代表的な国際会議としては，国際人類学・先史学会議と国際人類学・民族学会議がある。前者は1876年にハンガリーのブダペストで常任理事会が結成され，フランスのポール・ブローカが議長に選出された。会議はフランス語を公用語として，1912年のジュネーヴ大会まで14回開かれたが，第一次大戦のあとは復活しなかった。

　これに代わる新しい国際組織を創るため，1912年に国際アメリカニスト会議がロンドンで開かれたさいに，アメリカのボアス，ハードリチカ，イギリスのダックワースなどを中心にコミッションが作られたが，長い紆余曲折を経てようやくロンドンでの第1回国際人類学・民族学会議の開催にこぎつけたのは1934年のことであった。会議は1938年のコペンハーゲン大会のあと中断し，第二次大戦後の1948年にブリュッセル，52年にウィーン，56年にフィラデルフィア，60年にパリ，64年にモスクワと回り，第8回大会が1968年に東京と京都で開催された。そのあとは5年ごとの開催となり，73年シカゴ，78年ニューデリー，83年ケベック・ヴァンクーヴァー，88年ザグレブ，93年メキシコと続き，1998年にはアメリカのウィリアムズバーグでの開催が予定されている。

　これらの大規模な国際学会のほかに，小規模な組織として国際人類生物学協会 (International Association of Human Biologists) がある。1967年に主としてイギリスの研究者の主導で結成されたもので，独自の大会はなく，会報を発行して情報の交換を行なっている。

　地球上の全人類を研究の対象とする人類学にとっては，世界各国の研究者がそれぞれの地域で骨格や生体を一定の方法で計測するばかりでなく，その成果を公表し，交換して，相互に比較できるようにすることが，この学問の健全な発展のために必要不可欠なことである。そのためには，計測の器具や方法が国

際的に統一されていなければならない。

　パリ人類学会創始者のポール・ブローカは，ヒトの頭蓋計測の方法や器具を考案し，頭蓋観察の記載基準を決めたことでも知られている。かれの考案した滑動計や骨計測板や角度計などの中には現在でも改良されて使われているものがあり，かれの定めた頭蓋側面観での眉間の発達程度や歯の咬耗の程度や縫合の閉鎖の程度に関する分類基準は，今日でもそのまま使われているが，計測方法が国際的に統一されるまでには長い道のりがあった。

　計測法統一の必要性は1861年にゲッティンゲンではじめてドイツの人類学者の集会が開かれた時から叫ばれていたが，この問題が具体化したのは1877年にミュンヘンで頭蓋計測についての会議が開かれた時であった。1879年にブローカが指針の形で案をとりまとめ，これが1883年のフランクフルトでの会議で承認されたのが「フランクフルト協定（Frankfurter Verständigung）」である。今日でも頭蓋の基準面として使われているフランクフルト水平面はこの協定に基づくものである。

　しかし，フランクフルト協定にもいくつかの問題点があり，モスクワで国際人類学・先史学会議が開かれたさいに，それらを見直すためのコミッションの設置が決められ，ドイツのウィルヒョウが委員長，ロシアのアヌーチンが幹事に選出された。委員にはボグダノフ，シャントル，コルマン，セルジなどの名前が含まれていた。このコミッションの作業はその後ドイツのワルダイエル（W. Waldeyer）を委員長とし，フランスのパピヨー（G. Papillault）を幹事とする新しいコミッションに引き継がれ，まず頭蓋計測と生体の頭部計測の方法を定めた協定案が1906年のモナコでの大会で承認された。続いて1912年のジュネーヴ大会では，イタリアのセルジ（G. Sergi）を委員長とし，イギリスのダックワース（W. L. H. Duckworth）らを報告担当委員とするコミッションのまとめた，頭部以外の生体計測の統一方法が採択された。

　こうして国際的に標準化された計測法は，1914年に刊行されたマルチン（R. Martin）の『人類学教科書（Lehrbuch der Anthropologie）』に取り入れられ，この本を通じて世界各国の人類学界に普及することとなった。人類学史に

大きな影響を残したこの本の執筆にあたり，著者マルチンはこの仕事に専念するためチューリヒ大学の教授職をいったん辞任してパリに移り住み，全精力を傾注したと言われている。マルチンの教科書は第一次大戦後の1928年にオッペンハイム（S. Oppenheim）らによる改訂増補版が出され，続いて第二次大戦後の1957−66年にザレル（K. Saller）の手による改訂増補版が出され，1988年にはクヌスマン（R. Knussmann）らによる改訂新版の出版が開始され，現在なお進行中である。

　マルチンの紹介した方法は，ヨーロッパ諸国ばかりでなく日本でもいち早く取り入れられ，以来忠実に遵守されて今日に至っている。日本のデータを周辺のシベリアや中国大陸のデータと比較しようとするとき，報告文献が日本語やロシア語や中国語であっても，ほとんど支障なく計測値を相互に利用できるのは，いずれも同じマルチンの計測番号に従って数値が報告されているからである。

　人類学に関してヨーロッパの大陸諸国とは若干違った発展の道をたどってきたイギリスでは，計測法に関しても独仏中心の国際協定にしたがうという雰囲気はあまりなく，独特の方法が採用されている。中でも代表的なのはカール・ピアソンを中心としたバイオメトリカ学派と呼ばれる人びとの計測法で，内容的には国際協定とほとんど一致するのであるが，各計測項目を独特の略号で呼んでいるほか，協定外の計測法もいくつか定義している。アメリカ合衆国でも，計測法に関しては自由の雰囲気が強く，協定にとらわれない人が少なくない。近年でもっとも精力的に全世界の代表的な頭蓋コレクションを訪ね歩いて計測を行なったハーヴァード大学のハウエルズ（Howells, 1973）は，マルチンの伝統的な方法やバイオメトリカ学派の方法に加えて，まったく新しい方法をいくつか考案し，頭蓋の形態変異のより客観的な把握につとめた。いちばん新しいマルチンの教科書（Knussmann, 1988）には，イギリスやアメリカの新しい方法のうち重要なものはすべて採録されている。今後はこれを通じてさらなる国際統一が進んでゆくことが期待される。なお本講座の別巻1「人体計測法Ⅰ，Ⅱ」にはこの最新の方法が取り入れられている。

6 人種の自然分類

19世紀に入ってからの人種分類では，皮膚色や頭形，身長などに加えて，新たに毛の形態が重要な人種特徴として利用されるようになったが，分類の大枠は18世紀のブルーメンバッハによるものとさほど本質的な違いはなかった。たとえばハクスリー（Huxley, 1870）が提唱した主人種（principal races）の分類は次のようなものであった。

　Negroid（ブッシュマン，ニグロ，パプア人）
　Australoid（オーストラリア人，ドラヴィダ人，エチオピア人）
　Mongoloid（モンゴル人，ポリネシア人，アメリカ人，エスキモ，マレイ人）
　Xantochroic（北ヨーロッパ人）

ハクスリーの同国人フラウワー（Flower, 1885）はハクスリーの用語を一部踏襲しながら，3大人種を次のように分類したが，所詮人種分類はあくまで近似的なものに過ぎないことを認めていた。

　Ⅰ．Ethiopian, Negroid, or Melanian（A. ニグロ，B. ホッテントット・ブッシュメン，C. メラネシア人，D. ネグリト）
　Ⅱ．Mongolian or Xanthous（A. エスキモ，B. モンゴリアン，C. マレイ人，D. ポリネシア人，E. アメリカインディアン）
　Ⅲ．Caucasian or "White"（A. キサントクロイ，B. メラノクロイ）

フラウワーと同じ年に発表されたフランスのトピナール（P. Topinard）の人種分類も全体を主要な3群に分けるものであったが，その内訳は狭鼻型の白色人種，中鼻型の黄色人種，広鼻型の黒色人種であった。こうして19世紀の後半には世界の人種を大きくコーカソイドまたは白色人種，ニグロイドまたは黒色人種，モンゴロイドまたは黄色人種という3大人種，あるいはそれにオーストラロイドを加えた4大人種に大別するという今日の体系がほぼできあがってきていたのであるが，諸人種の実体が明らかになるにつれて，すべての人種は

互いに交配が可能であり，純粋人種というものは現実世界には実在しないこと，すべての人種形質は連続的に変異しており，人種間に明確な境界線を引くことは不可能であること，あえて境界を設けようとすれば，それは必然的に恣意的（arbitrary）なものとならざるをえないこと，したがって人種分類は生物分類とは異なり，単なる便宜上の分類でしかないこと，が認識されるようになってきた。すべての人類集団は元来均質ではなく，内部変異に富んでおり，しかもそれが時代とともに変化するというダイナミックな性質をもっているということも，しだいに理解されるようになってきた。

そのような中にあって，あくまでも恣意や先入観を排し，植物学者が分類に取り組むのと同じような客観的な態度で，人類の諸形質をできるだけ多く組み合わせて，何とか人類の自然群を明らかにしようと試みたのが，ドニケ（Deniker, 1900/1926）による分類であった。その結果，第1表（132ページ）のように，29の人種が区別された。

その後に行なわれた数々の地域調査の結果を取り入れながら，伝統的な類型学の手法によって人種の系統分類のさらなる体系化を試みたものにドイツのアイクシュテット（Eickstedt, 1934）による分類などがある。本講座7「人種」には，これら先人の業績を踏まえてヴァロワ（Vallois, 1948）がまとめ直した分類が紹介されている。

皮膚の色の変異が気候と関係があるとか，あるいはシベリアの典型的なモンゴロイドの平坦な顔，細い眼裂，低い鼻，ひげの薄いあごが厳しい寒気と乾燥によって形成されたものであるという考えは，18世紀のビュフォン（第1節参照）やカント（I. Kant）にまで遡ることが知られているが，人種分化における自然淘汰の要因が科学的に検討されるようになったのは20世紀に入ってからである。その第1はイギリスのトムソンとバクストン（Thomson & Buxton, 1923）による鼻示数の研究で，世界各地の人類集団の鼻示数の平均値とそれぞれの居住地の緯度との間に有意の相関関係が証明され，高緯度地方ほど鼻示数が小さいという傾向のあることが明らかになった。これに続いてドイツのレンシュ（Rensch, 1935）は，恒温動物について以前から知られていた気候規則，

第1表　ドニケによる人種分類

A	縮毛，広鼻	
	黄色，脂臀，低身長，長頭	ブッシュマン
	赤褐色，極低身長，亜短頭～亜長頭	ネグリト・ネグリロ
	黒色，高身長，長頭	ネグロ
	黒褐色，中身長，長頭	メラネシア人
B	捲毛または波状毛	
	赤褐色，狭鼻，高身長，長頭	エチオピア人
	ショコラ色，広鼻，中身長，長頭	オーストラリア人
	黒褐色，広～狭鼻，低身長，長頭	ドラヴィダ人
	淡褐色，狭く凸型で先端の厚い鼻，短頭	類アッシリア人
C	黒～褐色の波状毛，暗色の眼	
	明褐色，黒髪，直～凸型の狭鼻，高身長，長頭	インド・アフガン
	淡褐色，高身長，高い楕円顔，鷲鼻，凸後頭，長頭	アラブ
	淡褐色，高身長，高い方形顔，直鼻，長頭	ベルベル人
	淡褐色，高身長，高い卵円顔，直鼻，中頭，	沿岸ヨーロッパ人
	淡褐色，低身長，長頭	イベリア人
	暗白色，褐色毛，低身長，短頭，丸顔	西ヨーロッパ人
	暗白色，褐色毛，高身長，短頭，高顔	アドリア人
D	ブロンドの波状～直毛，明色の眼	
	明白色，波状毛，高身長，長頭	北ヨーロッパ人
	明白色，亜麻色の直毛，低身長，亜短頭	東ヨーロッパ人
E	黒色の直～波状毛，暗色の眼	
	明褐色，豊かな体毛，凹型の広鼻，長頭	アイヌ
	黄色，乏しい体毛，高身長，突鼻，楕円顔，短～中頭	ポリネシア人
	黄色，乏しい体毛，低身長，平鼻，菱形顔，長～中頭	インドネシア人
F	直毛	
	低身長，直～凹型の突鼻，中～長頭	南アメリカ人
	明黄色，直～鷲鼻，高身長，中頭	北アメリカ人
	明黄色，直～鷲鼻，低身長，短頭	中央アメリカ人
	明黄色，直鼻，高身長，短頭，方形顔	パタゴニア人
	黄褐色，低身長，丸い平坦顔，長頭	エスキモー
	黄白色，低身長，上向きの鼻，短頭	ラップ
	黄白色，低身長，直～凹鼻，中～長頭，突頬骨	ウゴル人
	黄白色，中身長，直鼻，短頭	トルコ人
	淡黄色，突頬骨，モンゴロイド眼，短頭傾向	モンゴル人

すなわち近縁種のあいだでは寒冷地ほど身体が大きいというベルクマンの規則（C. Bergmann's rule）や，寒冷地ほど身体の突出部分が短いというアレンの規則（J. A. Allen's rule）などについて検討し，これらがヒトにもある程度まで当てはまることを見いだした。

このほか紫外線とそれを遮断するメラニン色素との関係など，先人による自然淘汰作用の研究成果はアメリカの人類学者クーン・ガーン・バードセル（Coon, Garn, & Birdsell, 1950）の著書にまとめられ，これを契機に人類学における人種研究の主題は分類の問題から進化の問題へと転換することとなった。

7　血液型の発見——分子人類学への道

1900年にウィーン大学の病理学者ラントシュタイナー（Karl Landsteiner）が，赤血球凝集反応の詳細な分析によって，ヒトの血液が3種類（現在のA，B，O）に分類できることを明らかにしたのが血液型の発見の最初である。この発見によって血液型の不適合による輸血事故の大部分が防げるようになり，後年かれはその功績によってノーベル賞を授与されている。続いて1910年から翌年にかけて，ハイデルベルク大学のフォン・ドゥンゲルンとヒルシュフェルト（E. von Dungern & L. Hirschfeld）によって，この血液型がメンデルの法則にしたがって遺伝することも明らかにされた。

ABO式血液型の知識は第一次世界大戦中の戦傷者の輸血による治療に威力を発揮したため，各国の兵士の血液型が調べられ，兵士の出身地によって血液型の頻度に違いがあることがわかってきた。1919年には，ヒルシュフェルト夫妻（L. & H. Hirszfeld）が兵士の血液型の国別，民族別の出現率を集計し，ヨーロッパの民族にはA型が多く，トルコ以東のアジアの民族ではB型が比較的多いという民族差があることをはじめて報告した。

血液型の遺伝様式がメンデルの遺伝法則に厳密にしたがっていることが明ら

かとなり，しかもその遺伝子頻度が民族ごとに異なっていることが発見されたとき，人類学者たちの熱い視線がいっせいにこの新しい形質に集中した。従来，人種の分類や系統関係の研究に当って利用してきた皮膚の色や身長や頭の形といった形態的な形質が，いずれも多かれ少なかれ年齢や性別や環境の影響を受けるものであり，遺伝する傾向はたしかにあっても，遺伝の様式は複雑をきわめ，到底メンデルの法則には当てはめられなかったからである。こうして，血液型の頻度さえわかれば，おのずから客観的な人種の分類が達成されるものと大方の人類学者が期待したのも無理からぬところがあった。

ところが，実際に血液型の調査が世界各地で行なわれて，データが集まってみると，その結果は必ずしも期待どおりのものではなかった。A型はユーラシア大陸の西部と東端に多く，中間地域ではやや少ないのに対して，B型はアジア地域に多く，西へ行くほど少なくなるという傾向が明らかになったが，その勾配はゆるやかで，明確な境界線を引けるような段差はどこにも認められなかった。しかも，明らかに遺伝的に近縁と考えられる集団（たとえばハワイとサモワのポリネシア人）のあいだで，意外に大きな頻度差が見られたり，まったく疎遠と考えられる集団（たとえば日本人とポーランド人）のあいだに思いがけない一致が見られるなど，解釈に苦しむような結果も少なくなかった。

もう一つの意外な発見は，ユーラシア大陸での血液型頻度の地域差が連続的であるのと対照的に，アメリカ大陸の先住民であるインディアンの大部分ではAとBの遺伝子がほとんどなく，ほぼ全員がO型であったことである。現在ではこの現象は，少人数による移住に際して起こった偶然による遺伝子頻度の変化（遺伝的浮動〈genetic drift〉あるいは瓶首効果〈bottle neck effect〉と呼ばれる）の好例として理解されているが，当時，アジアの諸集団との強い遺伝的なつながりが当然証明されるものと期待していた人類学者にとっては，まことに不可解な発見であった。

こうような一見して期待はずれの結果に対しては，A, B, O というわずか3種類の遺伝子だけで人類の系統的な分類ができると期待した方が甘かったのであって，将来もっと多くの遺伝子が発見され，その頻度のデータが利用でき

るようになれば，必ず所期の成果が得られるであろうという議論が行なわれた。幸い，血液型はABO式にとどまらず，MN式，P式，Rh式などが発見され，人類学的な目的に利用できるデータが少しずつ増えていった。1950年代からは赤血球の型ばかりでなく，血清中に含まれる各種のタンパク質にも遺伝的な変異のあることが明らかになり，電気泳動法や免疫学的方法などの開発とあいまって，続々と新しい遺伝子のデータが集まり始めた。

集団内の正常人の遺伝子座位を占める遺伝子に変異があり，それぞれの変異型がかなりの頻度で出現し，しかも遺伝子型を異にする個体のあいだに，とくに生存上意味のある機能的な違いが認められない，そういう遺伝的変異を遺伝学では「遺伝的多型（genetic polymorphism）」と呼んでいる。このような多型形質の研究は近年活発に行なわれ，世界各地の人類集団での多型遺伝子の出現頻度が次々に明らかにされつつある。これらの遺伝的なデータを利用して，人種分類を見直そうとする試みも，これまでに何度も行なわれている（Boyd, 1963）。その結果，ABO式単独のデータに基づく人種分類に見られたような不可解な取り合わせはしだいに影をひそめるようになったが，この新しい遺伝的データによって画期的に新しい分類体系が構築されるというような方向には，事態は進んでいない。基礎となる多型形質の種類や数，それを分析する統計的な方法の如何によって，導きだされる集団のクラスターの形や組み合わせに微妙な違いが生じ，帰一するところがないのが現状である。ただ，大きな方向として，分析に利用できる多型形質が増えるにつれて，クラスターの形がしだいに伝統的な人種分類と集団の地理的分布に近付いてきているように思われる（本講座10「遺伝」参照）。

近年では，この分野の研究者たちの関心は，人種分類からしだいに離れ，あとで述べる分子時計による人種分岐年代の推定という問題の方に移りつつあるように思われる。

ラントシュタイナーが血液型を発見したのと同じ1900年には，免疫学の分野でもう一つ大きな発見が行なわれていた。ウーレンフート（P. Uhlenhuth）による血清沈降反応の発見である。ある動物の血清をウサギに注射すると，ウ

サギの血液中にその動物の血清に対する抗体が作られる。このウサギの血液から分離した血清にもとの動物の血清を加えると抗原抗体反応が起こり沈澱が生じる。これが沈降反応の原理である。この現象は，犯罪現場に残されていた血液がヒトのものであるかどうかの鑑定などに応用することができる。この反応は動物の種に特異的なものではあるが，近縁な動物の場合には，別種であっても弱い反応を示すことがわかり，ウーレンフートは早速これをヒトと類人猿との近縁関係の証明に応用した（Uhlenhuth, 1904）。この実験は何人かの研究者によって追試され，霊長類の中では猿類よりも類人猿の方がヒトとの血縁関係が深く，類人猿の中ではオランウータンがやや遠く，チンパンジーがとくにヒトと近縁であることなどが立証された。

　この方法は1960年代に入ってさらに洗練され，アルブミン，トランスフェリンなど，血清中の個々のタンパク質ごとに反応がテストされ，そのすべてにおいてヒトとアフリカ類人猿との近縁関係が証明されている（Goodman, 1962）。最近ではヒトと類人猿の血清タンパク質の免疫学的距離ばかりでなく，アミノ酸配列を直接比較することによって，種が分岐してからの遺伝子突然変異の数まで調べられるようになっている。その結果，免疫学的距離が増大する速度や突然変異の起こる率が何らかの方法で推定できれば，ヒトとそれぞれの類人猿が分岐してから現在までに経過した時間を計算で求めることも可能となってきた。

　このような試みの最初はカリフォルニア大学バークレー校のサリッチとウィルソン（Sarich & Wilson, 1967）の研究である。かれらはアルブミンの遺伝距離を利用してヒトとアフリカ類人猿（チンパンジー・ゴリラ）の分岐年代を約500万年前と推定した。この数字がはじめて発表された当時，化石人類学分野の研究者の多くは，地質学的に約800万年前と推定されるラマピテクス（*Ramapithecus*）が最古の人類であろうと考えていたため，分子人類学者の主張に激しく反発したものである。しかし，その後ラマピテクスの化石資料が増えて，これがヒト科ではなく，オランウータンに近縁のものであることがほぼ判明したため，500万年前説に反駁する根拠は失われている。

最近ではミトコンドリア DNA の塩基配列の違いを利用した分岐年代の推定も行なわれ，その結果は 500 万年をさらに下回っている（Hasegawa et al., 1984）。化石人類学側でもエチオピアのアワシュの 440 万年前の火山灰の層の直上で発見された猿人が，直立は達成していながらもまだチンパンジーにかなり近い形態をもっていたことが明らかになり（White et al., 1994/1995），今では 500 万年説は分子人類学，化石人類学の両陣営からほぼ妥当な線と認められつつあるようである。

現生人類の諸集団間の分子レヴェルでの差異を追求してきた分子人類学者たちも，遺伝子データを分子時計として利用し，現代人の起源や人種分化の年代に迫ろうとしている（Nei & Roychoudhury, 1982；本章第 13 節および本講座 10「遺伝」参照）。

8　統計学の寄与

人類集団に関する初期の研究では，多くの場合，類型学的な方法が主体となっており，各集団の典型的な個体の特徴を抽出してそれを記載することに主眼が置かれ，計測値の処理もせいぜい平均値を算出する程度で事足りていたのであるが，集団調査の精度があがり，資料が増えるにつれて，類型学的方法の限界が意識されはじめ，集団内の個体変異の実態をより客観的に記録することの必要性が感じられるようになった。また，計測値の比較に当たっては，一項目ずつ比較を行ない，総合的な判断は最終的には研究者の主観にゆだねられていたので，項目が増えたり，比較される集団の数が増えてくると，判断の客観性が懸念されることもあった。

人類学的計測値の統計処理に当たって，ある程度の例数を確保し，平均値ばかりでなく，集団内のばらつきの指標としての標準偏差をも算出するという方法を本格的に導入し，さらに多項目による比較法まで考案したのは，イギリスの生物統計学者ピアソン（Karl Pearson, 1857-1936）であった。

ピアソンはもともとロンドン大学の応用数学者であったが，ロンドンにゴールトン研究所を創設して双生児や優生学や指紋の研究などを行なっていたゴールトン（Francis Galton, 1822-1911）の指導を受けて優生学，生物統計学の研究に入り，人類学の分野のデータを素材に使いながら数理統計学の方法を発展させた。1901年には雑誌『バイオメトリカ（Biometrika）』を創刊して，この分野の発達と普及に貢献した。この雑誌を中心に活躍した人達はピアソン学派，あるいはバイオメトリカ学派と呼ばれた。ピアソンは1911年にゴールトンが亡くなったあとゴールトン研究所の所長に就任した。

　ピアソンは人類学研究者によるデータ処理の統計的レヴェルをあげたばかりでなく，四肢骨の長さをもとに生前の身長を推定する回帰式とか，計測値相互の相関関係を客観的に把握するための相関係数，あるいは多数項目の計測値を総合的に組み合わせて集団間の類似度を表す方法（人種類似係数）などを開発した。人種類似係数はのちに批判されて，現在では使われなくなっているが，身長推定式や相関係数は現在でも盛んに利用されている。

　複数の計測項目を同時に使って集団間の類似度あるいは距離を測るという試みは，ポーランドのチェカノフスキ（J. Czekanowski）が頭骨の複数の示数の差を平均するという形で求めたのが最初であるが，ピアソンが1926年に発表した人種類似係数（Pearson, 1926）は，これに比べてはるかに合理的であったため，一時は頭骨シリーズの比較によく利用された。しかし，この方法では，計測項目間の相関関係が考慮されていないため，結果の信頼度は今一つ不充分であった。

　項目間の相関を考慮した近代的多変量解析法の最初は，イギリスの数理統計学者フィッシャー（Fisher, 1936）が考案した判別関数である。これはイギリスのハイダウンという遺跡で出土した一頭骨が新石器時代に属するのか，それとも青銅器時代に属するのかという問題を解決するのにまず応用され，その後も出土人骨の性判別などの問題によく利用されている。

　フィッシャーの判別関数をさらに発展させ，多変量による集団間距離の問題に応用したのが，インドの統計学者マハラノビスの「汎距離（generalized distance)」である（Mahalanobis, 1936）。この方法は計測項目間の相関の影響を排除し，各項目のもっている情報を過不足なく利用できる点で，もっとも理想的な比較法と評価されたが，計算の手続きが複雑であるため，これが普及するためには，電子計算機の発達と普及をまたなければならなかった。

マハラノビスの汎距離に代わる便法として，一時盛んに使われた比較的簡単な多変量解析法の一つにペンローズの距離（Penrose, 1954）がある。複数項目の平均値の差をそれぞれの項目の標準偏差で基準化し，その基準化された値の分散を求めてそれを集団間の形態距離（shape distance）とするもので，計算が簡便であるばかりでなく，得られる結果がマハラノビスの方法によるものと比較的よく合致することもあって，現在でも古人骨の研究などに利用されている。ちなみにこの方法の考案者ペンローズはロンドン大学ゴールトン研究所におけるピアソンの後継者である。

以上に述べたのは，複数項目の計測値の扱い方についてであるが，非計測的な離散的形質（discrete traits）の出現率についても，複数項目を一括して取り扱うという必要性が生じてくる。血液型に代表されるような多型形質の出現状態による集団間距離の比較などがその例である。これには計測値の場合とは異なる方法がいくつか考案されている（本講座10巻「遺伝」参照）。

遺伝的多型とは若干異なるが，頭骨の非計測的小変異と呼ばれる形態的な変異形質についても出現率のデータが蓄積されてきており，これにはスミスの距離（Smith's mean measure of divergence）という方法が考案されていて，計測値と同様な多変量解析の道が開けている。骨格の非計測的な形態変異の存在は解剖学の分野で早くから知られており，人類学の研究者の中にもこれに関心を寄せていた人があったが，1960年代の終りにこの分野が形態人類学の中で大きな研究分野の一つとして飛躍するようになったのは，複数の形質の出現率をまとめて取り扱うスミスの距離がベリーらによって紹介されたのが契機であった（Berry & Berry, 1967）。この方法は今では，日本列島の人類史の解明にも威力を発揮している（Dodo & Ishida, 1990など）。

これらの多変量解析法の発達によって，ヒトの地域集団あるいは民族集団相

互の生物学的な距離が客観的に求められるようになった結果，現在では集団間の類縁関係が主観的判断に基づく分類体系としてではなく，統計学的なクラスターの関係としてとらえられるようになってきている。

9　ピルトダウン事件

　20世紀に入ってまもなく，フランスのラ・シャペルオサンでほぼ完全なネアンデルタール人類の全身骨格が発見され，これがブール（M. Boule）によって報告された。またドイツのハイデルベルク近郊ではネアンデルタール人よりもさらに原始的な人類の下顎骨が発見され，シェーテンザックによって報告された。このようにヨーロッパ大陸で化石人類の発見が相次いで行なわれていたころ，先史学分野の先進国をもって任ずるイギリスでは，当然多くの研究者が化石の探索に努めていた。待望久しかった人類化石の発見が報じられたのは，1912年，南イングランドのサセックス州ピルトダウン（Piltdown）の礫層においてであった。

　発見者は地元ルーイスの事務弁護士で，大英自然史博物館のための化石コレクターでもあったドースン（Charles Dawson, 1864-1916）である。発見の報告を受けた大英自然史博物館地質学部長のウッドワード（A. S. Woodward, 1864-1944）は何回か現地を訪れて発掘を行ない，さらにいくつかの破片を追加発見した。かれは精力的にこれらの破片の復元と研究に取り組み，その年の12月のロンドン地質学会の集会で正式の発表と標本公開を行なった（Dawson & Woodward, 1913）。

　ウッドワードは，ピルトダウン頭骨は頭蓋冠の骨が著しく厚いが，ネアンデルタール人のような発達した眼窩上隆起はなく，前頭鱗の湾曲も強く，頭蓋の輪郭は現代人的であり，頭蓋腔容積も現代人平均にさして劣らない大きさをもっており，下顎骨の方も骨の形態は全体として類人猿によく類似しているが，大臼歯の摩耗の形は明らかに人類型であるなど，従来報告されているどの化石

人類にも属させることができないとし，「ドースン氏発見の曙人類」という意味のエオアントロプス・ダウソニ（*Eoanthropus dawsoni*）という名の新属新種を提唱した。この発表に対して頭蓋と下顎骨は別個体，あるいは別種のものではないかという疑問も出されたが，それぞれの破片の発見場所が極めて近接していたことから，同一個体の可能性が高いと結論された。ドースンは遺跡の層序や伴出した動物化石について報告した。これをもとにピルトダウン人の年代についてもさまざまな意見が交わされたが，結局，洪積世前期の可能性が高いという意見が大勢を占めた。

当時王立外科医学院付属ハンター博物館（Hunterian Museum, Royal College of Surgeons）の教授で，解剖学と人類学の分野で活発な研究活動を行なっていたキースは，ピルトダウン人がネアンデルタール人よりも現代人的な脳頭蓋をもちながら，年代的にはネアンデルタール人よりもはるかに古いということに注目し，ネアンデルタール人やピテカントロプスとは別の現代型の人類がひじょうに早くから進化していたという議論を展開した（Keith, 1915）。この考えは，人類の進化においては脳の発達が何よりも先行したという，当時一般に信じられていた考えともよく合っていたため，人類学者のあいだに支持する人が少なくなかった。

1925年に南アフリカの解剖学者ダートがタウングでの猿人頭骨化石の発見を報じ，ミッシング・リンクと解釈する論文を発表したとき，ピルトダウン人を現代人の直系の祖先にひじょうに近いものと考えていたイギリス本国の人類学関係者のほとんどは，ダートの考えを妄説としてしりぞけてしまった。アフリカの猿人に世界の人類学界が注目するようになったは，第二次大戦以後のことであった。

1953年にロンドンでアフリカの人類学に関する国際シンポジウムが開かれたとき，参加者は大英自然史博物館を訪問し，ピルトダウンの標本を詳しく観察する機会を与えられた。この時の参会者の一人にワイナー（Joseph Weiner, 1915-1982）がいた。かれはオクスフォード大学の人類学の講師であったが，もともと南アフリカの出身で，ダートのいたヨハネスブルグのヴィト

ヴァーテルスラント大学で解剖学・人類学を研究したことがあっただけに，絶大な関心をもってこの化石を観察した。かれは下顎骨に生えている大臼歯のすり減りかたに何か不自然なところがあるのに気がついた。このことがきっかけとなって，かれはピルトダウン標本に作為が加えられている可能性を疑うようになり，ついに上司であったル・グロ・クラークの了解のもとに自然史博物館の人類学部門の責任者オークリー（K. P. Oakley）に，真相究明のための共同調査を申し入れた。

ワイナーの指摘した大臼歯表面の形態を念のため精査してみると，それまで自然の摩耗とみられていたのは，人工的にやすりをかけられた痕であり，しかも第1大臼歯と第2大臼歯の摩耗面のあいだに，自然の状態では考えられない段差があることも明かとなった。こうして，長年のあいだ自然史博物館の最重要標本であったピルトダウン資料は，にわかに疑惑に包まれるようになり，あらためてすべての出土資料が徹底的に調査されることとなった。

結論から言えば，ピルトダウンでの出土標本はすべて外部から持ち込まれ，意図的に礫層に埋め込まれていたものであった。まず問題の下顎骨は現生のオランウータンのものであり，種の特徴のはっきりしている頤部と下顎頭の部分が意図的に打ち欠かれ，歯はヒトの咬耗面に似せてやすりをかけられ，全体がピルトダウンの礫の色に似せて着色されていることがわかった。脳頭蓋の破片の出処は不明であるが，明らかに新人のものであった。時代の決め手とされた石器や動物化石もすべて別の場所で発見されたものばかりであった。この偽造の解明の経緯はワイナーの著書（Weiner, 1955）に詳しく述べられている。

偽造が明らかになった時には，第一発見者のドースンも，記載と復元をおこなったウッドワードも，すでに他界していた。ワイナーは当時の関係者らを歴訪して，真相の究明に努めたが，誰がどのような意図をもってこの偽造を計画し実行したのか，その真相は霧に包まれたままであった。ワイナーらの調査の結果，自然史博物館のウッドワードは，偽造犯ではなく，むしろその犠牲者であったことがほぼ明らかとなり，少なくとも第一発見者のドースンが何らかの形で偽造に関わったことは確かであろう，という結論が出された。しかし，

長年のあいだイギリスばかりでなく各国の専門家たちの目を欺いてきた，偽造の手口の巧妙さから考えて，ドーソン以外に黒幕的な人物がいた可能性が高いとして，自然史博物館のウッドワードの同僚たちや，当時サセックス州に住んでいた推理作家のコナン・ドイルや，古生物学者としてドーソンと交友のあったテイヤール・ド・シャルダン神父などに疑いの眼が向けられた。しかしいずれも証拠が不十分で，容疑は灰色のままとされた。

こうしてワイナーらによる真相解明の努力は一段落したが，イギリスではこの事件の記憶は長く人びとの脳裏に刻まれており，その後も繰り返し犯人探しが試みられている。数ある推理の中でもとくに徹底しているのが，オーストラリアの科学史学者ランガム (Ian Langham) と，アメリカの人類学者スペンサー (Frank Spencer) によるものである。これはランガムが王立外科医学院の保存文書に含まれているキース文書の調査にヒントをえて途中まで組み立て，ランガムの死後，スペンサーが引き継いでまとめあげたもので，それまで一度も犯人に擬せられたことのないアーサー・キース卿（当時王立外科医学院ハンター博物館館長）こそがドーソンの黒幕であったことに，ほとんど疑問の余地がない，というものである。この二人の調査の結果はスペンサーの近著 (Spencer, 1990) にまとめられている。しかしイギリスの科学界ではこれに対してもまだ異論があり，最近でもまったく別の人物を指名する論文が発表されている。

科学史上希有な事件であり，人類学の歴史にとって本質的に不毛な出来事ではあったが，ピルトダウン頭骨の解釈をめぐって数多くの議論が闘わされ，それがヒトの系統への一般的関心をたかめ，発掘にさいしての出土資料の正確な記録の必要性を訴える役割をはたすなど，なにがしかの貢献をしたことは確かであった。

10 周口店の大発掘

　ピルトダウンの年代評価が定まるにつれて，ピルトダウン人が人類の系譜の中でピテカントロプスに代わる主要な座を一時占めるようになっていたが，再び人類学界の目をアジアに引き戻したのが周口店における北京原人の発見である。

　北京では漢方の薬種店で竜骨・竜歯として売られている化石類の中にヒトの歯の化石が含まれていることが早くから知られていたが，北京市西南郊の周口店の石灰岩洞窟に最初に注目したのは，中国政府の依頼で地質調査を行なっていたスウェーデンの地質学者アンデルソン（J. G. Andersson）であった。かれは周口店の洞窟で，動物化石ばかりでなく，元来この地域に産出しないはずの石の破片が出土するのに気づき，過去においてヒトが持ち込んだ可能性があると考えた。それを証明するために小発掘を試みた結果，ここでヒトの歯が発見され，それが契機となって大がかりな発掘が国際的な規模で計画されることとなった。

　当時，北京の協和医学院で解剖学を担当していたブラック（Davidson Black, 1884-1934）は，カナダ出身の解剖学者であるが，ロンドン大学のスミス（G. Elliot Smith）教授のもとに留学したことがあり，その時に人類学への関心を植え付けられていた。ニューヨークのロックフェラー財団が北京に設立した医学院の教授に就任したとき，かれの胸には化石人類発見の夢がすでに芽生えていた。アンデルソンから情報を聴いたブラックは，ロックフェラー財団に働きかけて発掘資金を確保し，1927年に国際的な調査団を組織してこの大洞窟の発掘に着手した。その年の成果はヒトの下顎大臼歯1点であったが，ブラックはこの大臼歯の原始性に注目し，これを詳細に記載して，*Sinanthropus pekinensis* という学名を与えた（Black, 1927）。

　歯1本に基づく新属新種の設定は性急すぎるという批判もなされたが，2年

後の1929年になって，ブラックの判断の正しかったことが証明された。中国人研究者裴文中によって完全な脳頭蓋が発掘され，それがジャワのピテカントロプスにほとんど匹敵するほどの原始的特徴をもっていたのである。

これを手にしたブラックは，寝食の時間も惜しんで研究に没頭し，早くも1931年には詳細なモノグラフを発表した。これに追い打ちをかけるように，周口店では次々と発見が続き，協和医学院内の新生代研究所の研究室にほとんど泊り込みで化石の研究に打ち込んでいたブラックは，ついに健康を損ね，研究の完成を見ることなく1934年に急死してしまった。しかし，幸いなことにブラック亡きあとの残された仕事は，後任に選ばれた碩学のワイデンライヒ（Franz Weidenreich, 1873-1948）によって引き継がれた。1936年にはもう3箇の保存良好な頭蓋が発見された。この時の発掘担当者は賈蘭坡であった。

ワイデンライヒはドイツ生まれの解剖学・人類学者で，ワイマールのエーリンクスドルフで発見された化石人類の研究を担当した経験のあるすぐれた形態学者であったが，1935年にナチスの迫害を逃れてアメリカに亡命し，ロックフェラー財団の依頼で北京協和医学院に赴任することとなった。かれもブラックに劣らぬ情熱を周口店の化石に注ぎこんだ。1936年には日本の学会の招聘を受けて来日し，北京原人について特別講演を行なっている。

1937年に北京郊外の蘆溝橋での発砲事件から日中戦争が勃発し，その影響で周口店での発掘は中断せざるをえなかったが，ワイデンライヒはそれまでに発見されていた人骨と歯の化石の研究を続行した。協和医学院は米国の経営する施設であったため，日中戦争の初期には戦禍を受けることなく活動を続けることができたが，日米開戦の危機が迫ることを予見したワイデンライヒは，すべての人類化石の精巧な石膏模型を製作し，1941年4月にこれらの模型とそれまでに集積した研究資料を携えてアメリカに引き揚げた。その後はニューヨークのアメリカ自然史博物館に滞在して，研究を続け，ついに1943年に最後の報告書を完成して出版した（Weidenreich, 1943）。

1941年の12月，日米開戦と同時に日本軍は協和医学院を接収し，新生代研究所の金庫を調査したが，北京原人の化石は発見されなかった。戦後になって

から行なわれた調査によれば，日米開戦の直前になって，化石標本をアメリカに疎開することとなり，いったんアメリカ海兵隊の基地に運ばれたところまではほぼ明らかとなったが，その後の行方はいまだに不明である。

下顎骨の破片や歯まで数えれば四十数体分に当たる貴重な北京原人の化石はすべて行方不明のままであるが，ブラックとワイデンライヒによる詳細をきわめた計測・記載と精巧な石膏模型が残されており，研究資料としての価値がほとんど失われていないのは不幸中の幸いである。戦後になって中国側の手によって周口店の発掘作業が再開され，少数ではあるが，いくつかの人骨化石が発見された。このうち，前頭骨と後頭骨の破片は，戦前に発見されていた左右の側頭骨の破片と同一個体のものであることがわかり，側頭骨の模型と新たな骨片を接合させて，ほぼ完全な脳頭蓋を一個復元することができた。これは5号頭蓋と呼ばれている。

北京原人の発見された周口店第1地点の洞窟堆積層の年代は，戦後の研究により，約50万年前から20万年前までと考えられるようになった。この年代はジャワのピテカントロプスの年代（約100万年～70万年前）より新しい。形態的にも北京原人の方が脳頭蓋の高さが高く，頭蓋腔容積が大きいことが知られている。そのためピテカントロプスに対してシナントロプスという別の属を立てることが長いあいだ認められてきたのであるが，1960年代に入って，細分化されていた化石人類の分類を見直し，是正する動きが活発となり，結局この二種類の原人はホモ・エレクトゥス（*Homo erectus*）という一種に統合されることとなって今日に至っている。

11　南アフリカ猿人の発見

アウストラロピテクスが発見されるに至った一連の出来事は，オーストラリア生まれの解剖学者ダート（R. A. Dart, 1893-1988）が1923年にロンドン大学から南アフリカの新興の金鉱町ヨハネスブルグのヴィトヴァーテルスラント大

学に赴任したことから始まる。当時この大学は施設が悪く，教育用の標本類もほとんど無かったため，ダートは学生に命じて手当たり次第に博物標本を集めさせることにした。こうして集まった標本の中に，ヨハネスブルグの西南西約350 km のタウングスというところにある石灰岩の採石場で見つかったヒヒの頭骨の化石があった。これに興味をもったダートが，大学の地質学者を通して採石場に連絡をとり，化石が産出したら送ってくれるよう依頼した。この採石場のある土地は当時タウングス（Taungs）と呼ばれていたが，のちにタウング（Taung）と改称された。

タウングからの荷物がダートの自宅に届いたのが，ちょうどかれの家で友人の結婚式が始まろうとしている時であったという挿話は，かれの回想録に詳しく書かれている。ダートの教え子で大学での後継者ともなったトバイアス（P. V. Tobias）が調べたところによれば，その日は 1924 年 11 月 28 日であった。ダートがこの化石について有名な論文の原稿をまとめ写真をそえてロンドンに送ったのが翌年の 1 月 6 日であったから，この短い期間にダートがこの化石にどれほどの精力を注ぎ込んだかが想像される。

北京原人の発見者ブラックがそうであったように，ダートもまたロンドンでエリオット・スミスのもとで解剖学を学んでいたので，その影響で脳の形態学と頭蓋の人類学の知識は備えていた。かれはタウングから届いた荷物の中に類人猿に似た小さな頭骨の化石を見つけると，早速それに固着していた石灰石の除去に取り掛かった。近代的な道具がなかったので，夫人の編み針を使って作業を進めたという。その過程でかれは，この化石のいくつかの重大な特徴を発見した。顔面骨格の形態は一見したところ類人猿のそれに類似しているようであるが，犬歯の先端が歯列の中で突出することがなく，類人猿ならば当然広く開いているはずの歯隙がごくわずかしか認められないこと，頭蓋底の大後頭孔の位置が，類人猿のように後ろではなく，中央付近にあって直立姿勢に適した位置にあること，脳は残っていないが，頭蓋腔につまった土砂が石灰で固結して自然の鋳型のような形になっており，その表面にかすかに認められる月状溝（lunate sulcus）の位置が類人猿の場合よりも後ろにずれており，ヒトの形態に

やや近いこと，発見地が類人猿の棲む熱帯の森林地帯から遠く離れた草原地域であること，などである。

これらの所見を総合したダートは，この頭骨が，類人猿からヒトに向かって一歩踏み出した段階の生物のものであると考え，アウストラロピテクス・アフリカヌス（*Australopithecus africanus*）と命名してイギリスの科学誌『ネイチャー』に発表した（Dart, 1925）。この論文は今読んでも興味深い論文であるが，当時ピルトダウン人の影響で，初期人類についてまったく違ったイメージを抱いていたイギリスの学界では，その意義が理解されることはなかった。この化石がまだ第1大臼歯が生えたばかりのこどもの頭骨であったことも，学界の関心をあまり惹かなかったもう一つの理由であった。その後まもなく中国の北京で続々と古人類の化石の発見が報ぜられるようになり，ダートの発見はいつしか忘れ去られてしまった。

古生物学者のブルーム（Robert Broom）の努力によって，南アフリカで猿人化石の追加発見がなされるようになったのは，1936年以降のことであった。ダートの主張に一理があることを感じたブルームは，すでに老齢であったにもかかわらず，化石の追加発見によってそれを証明することを思い立ち，精力的に南アフリカの石灰岩地帯を探索した。その努力の甲斐があって，まず1936年にステルクフォンテインで おとなの猿人頭蓋が発見され，続いて1938年にはクロムドラーイでやや違った種類の猿人頭骨が発見された。これらの化石はそれぞれ *Plesianthropus transvaalensis, Paranthropus robustus* の名で発表され，ダートの主張が，類人猿の幼獣をヒトの祖形と見誤ったための妄説ではないことが，ようやく明らかとなったが，まもなく第二次世界大戦が始まり，人類学の研究は中断を余儀なくされた。

ブルームらの活動は戦後も続けられ，さらにいくつかの発見が加えられた。これらの化石について，オクスフォード大学のル・グロ・クラークが総括的な評価を行ない，その結果これら一連の南アフリカの猿人が直立二足性というヒト科の特徴を達成した初期人類であり，ピテカントロプスやシナントロプスよりもさらに前の進化段階を代表するものであることが認められることとなった

(Le Gros Clark, 1947, 1955)。これによって人類進化の大きな枠組についての認識に変革がもたらされ，ダートの功績が再評価されたばかりでなく，ピルトダウン化石の見直しにもつながっていったことは，すでに述べたとおりである。

ブルームらの発見によってアウストラロピテクスのなかまに新しい属がいくつか誕生したため，これらの属をまとめたアウストラロピテキナエ（Australopithecinae）という亜科がヒト科（Hominidae）の中に設けられていた（Broom & Schepers, 1946）。しかし，猿人の実体がしだいに明らかになるにともない，属のレヴェルでの細分は行きすぎであろうとの批判が高まり，1960年代以後，分類群を大きくまとめるのが趨勢となった。その結果南アフリカの猿人はすべてダートの最初の属アウストラロピテクスに統一され，その中で比較的繊細な骨格をもつアフリカヌス種と，やや大柄で咀嚼器の重厚なロブストゥス種の2種が区別されることとなった。前者にはダートのタウング標本をはじめ，かれが後にマカパンスガットで発見したアウストラロピテクス・プロメテウス，ブルームが発見し命名したプレシアントロプス・トランスワーレンシスが入り，ブルームのパラントロプス・ロブストゥスやパラントロプス・クラッシデンスが後者にまとめられた。

ブルームの共同研究者ロビンスンは，固くて栄養価の低い植物性の食物を大量に咀嚼するという食生活に適応したために咀嚼器官が特別に発達したのがロブストゥス種であり，アフリカヌス種の方はある程度の狩猟や腐肉食を含めた雑食性の食生活を行なっていたために，ロブストゥス種ほどには特殊化しなかったのであろうと解釈した（Robinson, 1954）。

猿人化石の発見が南アフリカの洞窟遺跡に限られていたあいだは，年代判定の決め手に事欠いていたため，猿人の年代は漠然と更新世の初期であろうと考えられていたが，1959年ごろから東アフリカの大地溝帯で猿人の化石が発見されはじめ，火山噴出物の年代測定の結果が猿人の年代決定に利用できるようになった（本講座4「古人類」参照）。その最初の例がケニアのリーキー夫妻（L. S. B. Leakey & M. Leakey）らによってタンザニアのオルドヴァイ峡谷で発

見されたジンジャントロプス・ボイセイ（*Zinjanthropus boisei*）とホモ・ハビリス（*Homo habilis*）である。放射性元素の壊変を利用したカリウム・アルゴン法によって，これらの化石の発見された地層の年代が170万年前から210万年前と測定され，これによって猿人の生息年代が鮮新世の終りごろまで遡ることがまず実証された。

　ジンジャントロプスはその後の研究で南アフリカのロブストゥス種の猿人に近いものであることがわかり，今ではアウストラロピテクス・ボイセイ（*Australopithecus boisei*）と呼ばれている。もう一方のホモ・ハビリスは，猿人の特徴をもちながらも脳容積が猿人の変異の範囲を越えているため，猿人から原人への移行型と考えられている。したがってオルドヴァイの遺跡の年代は猿人の時代としてはむしろ終りに近い時期に相当する。

　1968年からは同じ大地溝帯の続きであるケニア北部のトゥルカナ湖（もとルドルフ湖）沿岸地域でリチャード・リーキー（Richard Leakey）らによる大規模な調査が展開され，さらに1970年代に入るとエチオピアのハダル地方でも国際的な調査団による活発な化石探索が始まり，何層もの凝灰岩層の絶対年代によって編年上の位置の確かめられた猿人化石が続々と発見された。これによって猿人の時代は300万年前以前まで遡ることが明らかとなった。

　1970年代の大きな発見の一つは，メアリー・リーキーらによってなされたタンザニアのラエトリでの足跡の発見である（Leakey & Hay, 1979）。雨でぬかるんだ火山灰の上を3人の猿人が二足歩行の足跡を残し，そのあと火山灰が乾いてよく固まって足跡が鮮明な形のまま保存されたものである。この足跡を含む凝灰岩の年代は約360万年前と測定されている。

　ラエトリのこの時代の地層からは足跡ばかりでなく，かなり原始的な特徴をもった猿人の顎骨が何点か発見されている。またエチオピアのハダル地方でも，アフリカヌス種の猿人より一段と原始的な歯をもった猿人の化石が出土した。これらを比較研究したジョハンソンらは，ラエトリとハダルの猿人を合わせて，アウストラロピテクス・アファレンシス（*Australopithecus afarensis*）と呼ぶことを提唱した（Johanson, et al., 1978）。ルーシー（Lucy）という愛称

で知られている猿人もその一人である。

　1990年代に入ってエチオピアのアワシュ河に沿ったアラミスで，アファレンシス種よりもさらに原始的な特徴をもった猿人の化石が，439万年前という年代をもつ凝灰岩層の直上で発見され，1994年に発表された（White, et al., 1994/95）。歯の形がアファル猿人よりさらにチンパンジーに類似しており，上肢骨も腕渡りに適応した類人猿のそれと共通する特徴をいくつかもっているが，頭蓋底での大後頭孔の位置はチンパンジーよりも前にあって，アファレンシスに近いという。ホワイトらはアファル語でルーツを意味するラミドということばにちなんでアウストラロピテクス・ラミドゥスと命名したが，その後さらに検討を加えた結果，新属名アルディピテクス（*Ardipithecus*）を提唱した。アルディとはアファル語で「底」を意味することばであるという。

12　人種に関する声明

　人類には優れた遺伝的資質に恵まれた人種と，遺伝的に劣等な人種があり，前者の資質を維持し発展させるためには，後者との混血を排除して純潔を保たなければならない，というのが人種主義（racism）と呼ばれるイデオロギーの骨子である。このような考え方に基づく差別意識は，異民族を蔑視し差別する諸民族の心性に根ざすところがあり，異人種，異民族が接触，共生するところに必ず生じてくる問題である。20世紀の前半においては，このイデオロギーが人類学や遺伝学の知識を取り入れ，科学の装いをまとって，ナチスドイツの国家政策に取り入れられたところから，非アーリア人としてユダヤ人に対する組織的な断種が行なわれたばかりでなく，ついには強制収容所における集団殺戮にまで及んだことは周知のとおりである。

　第二次大戦後に発足した国際連合では，経済社会理事会がこれを取り上げ，ユネスコ（Unesco）に対して，人種偏見を排除するために必要な科学的知識を普及するプログラムを採用するよう要請した。これを受けたユネスコは，人類

学，心理学，社会学の研究者からなる委員会を召集し，人種概念の定義を依頼した。会議は1949年12月12〜14日にパリで開催され，ブラジル，フランス，インド，メキシコ，ニュージーランド，イギリス，アメリカ合衆国の研究者が参加した。参加者の専門分野は多様であったが，社会学者が比較的多数を占め，自然人類学分野からはメキシコのコマス（Juan Comas）とアメリカ合衆国のアシュリー・モンタギュ（M. F. Ashley Montagu）の二人が参加した。この委員会で起草された声明は翌1950年7月に発表され，一般社会に歓迎され，広く受け入れられた。その全文を掲げる余裕はここにはないが，要旨は以下のとおりである。

1．人類は一つであり，すべての人は同じ種ホモ・サピエンスに属する。すべての人はおそらく共通の祖先に由来したと考えられる。人類の諸集団間に存在する差異は，隔離，遺伝的浮動，遺伝子の変化，混血，および自然淘汰のような進化的要因の作用によるものである。

2．ホモ・サピエンスは，いくつかの遺伝子の頻度において互いに区別される多数の集団からなっている。このような遺伝的差異に関わる遺伝子は，全人類に共通する遺伝子の膨大な数に比較すれば少数である。言い替えれば，人類のあいだでは類似の方が差異よりもはるかに大きい。

3．したがって，人種とは，生物学的観点からすれば，ホモ・サピエンスという種を構成するポピュレイションの集団の一つと定義できよう。諸人種は互いに交配が可能であるが，過去においてかれらを隔てていた障壁によって，異なった歴史をたどり，ある程度の身体的な差を示すようになったものである。

4．要するに「人種」とは，遺伝子または身体形質のある程度の集中によって特徴づけられる集団またはポピュレイションであり，これらの遺伝子あるいは形質は地理的・文化的理由により時間の経過とともに出現し，変動し，そして時には消滅するものである。

5．以上に述べたのが科学的事実であるが，不幸なことに多くの人びと

が「人種」ということばを使うときの意味はこれとは異なっている。国籍，宗教，地域，言語，文化による集団が「人種」と呼ばれてきた。アメリカ人やフランス人は人種ではない。カトリック教徒やイスラム教徒も，インド人も中国人も人種ではない。

　6．国籍，宗教，地域，言語，文化による集団は必ずしも人種集団とは一致しない。それらの集団の文化的な特性と人種特性とのあいだには遺伝的なつながりは証明されていない。これらの集団に関しては「人種」ということばは廃止するのが望ましい。

　7．人種はさまざまな分類をされてきたが，現在，多くの人類学者は，現生人類の大部分をモンゴロイド，ニグロイド，コーカソイドの三大区分に分類することに同意している。しかしこの区分は決して固定したものではなく，将来は変化することが考えられる。

　8．これらの区分の中のサブグループについては，自然人類学者による研究がまだ不十分であり，分類についての合意はない。

　9．人類学者が分類に当って精神的特徴を含めることは決してない。知能テストは生得的な能力によるものと環境，訓練，教育によるものとを区別することはできないとされている。テストの結果は，同程度の文化的な機会が与えられれば各集団の成員の成績の平均はほぼ同等であることを示している。

　10．異なる集団の文化の差異を生み出す主要な要因が遺伝的差異であるという結論を支持するような科学的資料はない。各集団が経てきた文化的経験の歴史がそのような差の主な要因である。教育による可塑性はすべての人が共通してもっている種としての特性である。

　11．集団間に生得的な気質の差が存在するという証拠はない。たとえ差があったとしてもそれは個体間の差に遠く及ばない。

　12．性格に関しても，すべての集団が多様性に富んでおり，いずれかの集団が他よりも多様であると信ずべき理由はない。

　13．人種間の混血は太古以来行なわれてきた。混血が生物学的に望まし

くない効果を生み出すという確かな証拠はない。したがって異なる民族集団に属する個体間の結婚を禁止すべき生物学的理由はない。

14．人種に関する生物学的な事実と「人種」神話は区別しなければならない。「人種」神話は計り知れない損傷を人と社会に与えてきた。近年，それは多数の人命を犠牲にし，筆舌に尽くし難い難儀をもたらした。それは現在なお，幾百万の人びとの正常な発展を阻害している。集団間の生物学的な差異は社会的受容と行動の観点からは無視されるべきである。人類の一体性こそが重要である。このことを認識し，それにしたがって行動することは現代人にとって第一に必要な条件である。共同の精神が他のいかなる傾向にも増して深く人類の本性に根ざしたものであることは，人類の歴史がこれを示している。

15．倫理的原理としての平等は，人が資質において平等であるという主張とは無関係である。すべての集団において，各個体は資質に関して著しく多様である。にもかかわらず，集団間に差のある特徴がしばしば誇張され，倫理的な意味での平等の妥当性を疑う根拠として利用されている。ここで個体差と集団差について現在科学的に確証されていることを列挙することとする。

(a) 人種に関して人類学者が分類の基礎として有効に使用できる特徴は身体的特徴と生理的特徴のみである。

(b) 現在の知識では，人類の集団がその生得的な精神特徴において異なるという証拠はない。精神能力の変異幅はすべての集団においてほとんど等しい。

(c) 集団間の社会的，文化的な差の決定に当って，遺伝的な差は重要ではない。異なる集団における社会的，文化的変化は，生得的な体質の変化とは概して無関係である。

(d) 人種間の混血が，生物学的観点からみて悪い結果をもたらすという証拠はない。混血の社会的結果は社会的要因に帰せられるべきである。

(e) すべての正常人は社会生活に参加し，互恵の精神を理解し，社会的

責務と契約を守ることを学ぶ能力をもっている．異なる集団の成員間に見られる生物学的な差異は，社会的，政治的組織，道徳生活，コミュニケイションの問題とは無関係である

　人は社会的な存在である．人はその仲間との交流を通してのみ自らを完全に開花させることができる．人と人のあいだの社会的連帯の否定は崩壊をもたらす．

　1950年に発表されたこの声明は一般には好評であったが，自然人類学や人類遺伝学の分野の研究者からは，かなりの批判が寄せられた．その多くは，声明全体の精神を批判したものではなく，人種ということばの使い方があいまいである点や，精神能力の差に関する部分の科学的裏付けが乏しい点をついたものであった．声明への自然科学者側からの批判が，逆に人種主義者を力づける可能性があったため，ユネスコは翌1951年に，自然人類学者と人類遺伝学者12名からなる委員会を発足させ，声明の再検討と修正を依頼した．委員会はその年の6月4～9日にパリで開催され，新たな声明文がまとめられた．委員にはウプサラ大学のダールベルグ，コロンビア大学のダン，ロンドン大学のホールデイン，パリ高等研究院のシュレーデル，ニューヨーク自然史博物館のシャピロ，ケンブリッジ大学のトレヴァー，パリ人類博物館のヴァロワ，コロンビア大学のドブジャンスキー，イギリスのジュリアン・ハクスリーなどが名を連ねた．

　1951年の声明文は世界各国の多くの人類学者と遺伝学者に送付され，意見が求められた．その結果寄せられたさまざまな意見はユネスコの手で編集され，声明文とともに1952年に出版されている（Unesco, 1952）．1950年の声明と比べてのおもな修正点は，第1条の中で「すべての人」とあったところを，「現生のすべての人」と改めた点，同じく第1条で「人はおそらく共通の祖先に由来」とあった中の「おそらく」を削除した点，人種分化の要因の一つを「突然変異」と明記したこと，第7条に挙げられていた3大区分の具体的名称を削除し，「すくなくとも三つの大きな単位に分類することに同意」としたこ

と，身体構造の差からは集団の「優越性」や「劣等性」といった概念は支持されないことを明記したこと，大集団は相互に連続的に移行し，身体的な特徴が大幅に重なり合うことを指摘したこと，人種的起源を異にする集団間に知能の遺伝的な差を見いだしたと主張する心理学者でさえも，下位集団の中に必ず上位集団の平均を凌駕する成績をおさめる者があることを認めていると指摘し，精神能力によって二つの集団の成員を分離することが成功したことはないと明記したこと，いわゆる「純粋の」人種が存在したという証拠はないと指摘したこと，第15条の(a)項で「身体的特徴と生理的特徴」とあったのを，「身体的（解剖学的ならびに生理学的）」と改めたこと，などである。

これらの声明によって，反人種主義の精神は国際社会の理念として定着していったが，多民族社会における人種の名による差別は依然として根深いものがある。とくにアメリカ合衆国の人類学研究者のあいだでは，'race' ということばに根強く付きまとっている社会的，差別的な意味合いが除去されないかぎり，人類学でこのことばを使うことは差別を助長することになってしまうので，人類学の研究対象となる集団は 'population' と呼ぶべきである，という意見が少なくない。

13　近年の動向

古人類学分野でのおもな動向としては，ラマピテクスの見直しと新人のアフリカ起源をめぐる論争が挙げられる。

かつてヒト科の最古の化石として広く認められていた中新世後期のインドのラマピテクス（Simons, 1961）は，その後パキスタンと中国での追加発見によって，オランウータンの系統に属するとみられるシヴァピテクスの雌である可能性が強くなった。そのため現在ではヒト科の系譜から除外されることとなっている。

西ヨーロッパではネアンデルタール人とクロマニヨン人のあいだに形態的に

かなりの差異があるため，かねてからヨーロッパ新人の起源に関しては，ネアンデルタール人からの進化ではなく外部からの移住と交替という可能性が考えられていたが，イスラエルのカフゼー洞窟の新人化石の年代がヨーロッパネアンデルタール人よりも古く遡るという年代測定の結果が出されたことなどで，交替説が主流を占めるようになった。それに対して東ヨーロッパ，東アジア，東南アジア，アフリカ地域では，旧人から新人への移行を示唆する形態特徴の連続性が認められていたので，旧人・新人間の断絶は西ヨーロッパだけの特殊事情と考えられた。

　ところが最近になって，アフリカの新人化石の中に10万年を越える年代のものがあることが報告されたことと，現代人類の集団間の遺伝的な分化に関するミトコンドリアDNAなどの分子レヴェルの研究によって，新人の起源がアフリカにあり，ヨーロッパ人やアジア人がアフリカ人から分岐した年代はせいぜい20万年前ごろであろうという仮説が提唱された（Cann et al., 1987）ため，従来ひろく信じられてきた多地域進化説に代わって新人のアフリカ起源説がにわかに脚光を浴びるようになった。この問題は現在なお活発な論争の対象となっており，多くの論文集が出版されている（たとえばSmith & Spencer, 1984；Mellars & Stringer, 1989）。古人類学の論争点では，猿人の場合も新人の場合もそうであるが，化石の年代が問題解決の鍵を握っていることが多い。年代測定の方法と問題点に関しては本講座4「古人類」で扱われている。

　進化の観点に立ったヒトと類人猿との比較研究はハクスリー（Huxley, 1863）に始まり，シュルツ（Schultz, 1924, 1969）に受け継がれて発展し，単なる解剖学的な差だけでなく，成長の速度に差があることも明らかにされている。オランダの解剖学者ボルクはヒトにおける成長遅滞現象に着目し，興味深い胎児化説（Foetalisationstheorie）を唱道し，ヒトにおける毛生の退化，脳・顔面比などの特徴を遅滞原理で説明した（Bolk, 1926）。

　ヒトを理解するための鏡として霊長類の行動を観察する研究の先駆者は，檻の中のサルを観察するのではなく，自ら檻に入って野性のサルを観察するという方法を実行したイギリスのガーナー（R. L. Garner）であると言われる。20

世紀に入ってからはドイツの心理学者ケーラー（W. Köhler）とアメリカの精神生物学者ヤーキース（R. M. Yerkes）によるチンパンジーの詳細な行動観察の成果がよく知られている。ケーラーは飼育チンパンジーが道具を使うばかりでなく，道具を作る能力ももっていることを証明した（Köhler, 1917）。動物園での観察ではあるが，ズッカーマンによるヒヒの群れの社会行動の研究も忘れてはならない（Zuckerman, 1932）。

　その後の霊長類行動研究は実験室での言語研究から野外での長期観察に至るまで広い分野に分かれて発展しつつあり，とくに野外研究ではシャラーのゴリラ研究，グドールのチンパンジー研究などが著名である。野外での長期観察の分野では京都大学の霊長類研究グループによる宮崎県幸島や大分県高崎山でのニホンザル自然群の研究が先駆的な業績をあげ，現在では日本の霊長類研究者は東南アジアやアフリカにまでフィールドをひろげて活躍している（本講座2「霊長類」参照）。

　完新世の遺跡で発掘される古人骨の研究には19世紀以来の長い歴史がある。とくに頭骨は各地における諸民族の由来や相互関係の解明に鍵を与える重要な資料として尊重され，早くから膨大なコレクションが作られて，それぞれカタログも出版されている。古人骨に関する初期の研究法は，レツィウス（Retzius, 1842）の導入した頭蓋長幅示数にとくに注目し，長頭型集団と短頭型集団の消長として各地の人類史を復元する方法と，多数の頭骨を全体的に観察して，主観的に頭骨群の中から一つあるいは複数の類型（タイプ）を抽出し，それを地域の民族史と関連づけてゆく方法であった。ヒス・リュティマイアー（His & Rutimeyer, 1864）が頭骨カタログの中で試みたケルト型とローマ型の分類などがその例である。

　類型学的な頭骨研究は20世紀前半まで続けられたが，しだいに行き詰まり，やがて新たに開発された多変量解析の方法にとって代わられたことは，8節でも触れたとおりである。レツィウスの長幅示数も，アメリカの人類学者ボアス（Boas, 1912）によるアメリカ移民の頭示数の研究から，決して遺伝的に安定な形質ではないことが知られるようになり，人種指標として利用するには必ず

しも信頼できないことがわかってきた。一方ドイツやスイスで歴史時代の人骨資料が蓄積されるにつれて，頭骨の長幅示数が中世以降しだいに大きくなり，短頭化の傾向を示すことが明らかとなってきた（たとえば Hug, 1940）。中世から近世をへて現代に至るまで人びとの頭形が徐々に短頭化したという現象はヨーロッパばかりでなく，日本でも鎌倉時代から現代にかけて起こっていることが証明されている（鈴木，1956；Suzuki, 1969）。旧石器時代から新石器時代をへて歴史時代に至る過程では，頭形の変化だけではなく，生活様式の変化にともなう全身的な繊細化（gracilization）の現象が起こっていることも明らかにされ（Schwidetzky, 1962），古人骨研究の対象がきわめてダイナミックな過程として理解されるようになっている。

　古人骨研究の分野でのさらに新しい動向として，古人口学，古病理学，古栄養学，準遺伝形質としての非計測的形態小変異の研究が挙げられる。いずれも発掘人骨群を過去の人類集団の残した遺体群としてとらえ，従来の計測や形態観察では引き出せなかった新しい情報を取り出して，その集団の生物学的な実態の把握と生活の復元を目指す研究である。古人口学については本講座11「人口」で取り扱っている。古病理学はもともと一例報告的な研究が主体であったが，フートン（Hooton, 1930）のペコス・プエブロの研究で疫学的な観点が導入されて以来，急速に発展して人類学の重要な一分野になってきている（本講座5「日本人Ⅰ」参照）。

　現代社会に生きる人びとを対象とする生体人類学の領域でも，人種の記載や分類の研究以外にさまざまな研究分野があることは言うまでもない。集団間の混血を通じての正常形質の遺伝様式に関する研究はドイツのフィッシャー（Fischer, 1913）による南アフリカでの研究に始まり，世界各地で行なわれている。日本での日米混血児の研究については本講座7「人種」で取り上げられている。

　皮膚隆線の示す紋型の変異は，遺伝様式は複雑であるが，重要な遺伝形質の一つである。個体識別法としての指掌紋の研究は19世紀の終わり頃から行なわれていたが，カミンズらの研究（Cummins & Midlo, 1943）以来，集団比較

の分野でもよく用いられるようになっている。日本人での研究は本講座6「日本人II」で紹介されている。

　身長・体重などの成長速度や初潮年齢が，都市と農村のあいだ，あるいは社会的な階層間で異なることは，18世紀のカントやビュフォンの時代から知られていたが，とくに19世紀にベルギーのケトレー（A. Quételet, 1796-1874）によって成長研究が大きく発展し，青少年の健康管理にも応用されるようになった。近年では環境要因によるこれらと同様の差異が，19世紀から20世紀にかけて経済成長の著しい諸国で，成長加速による世代間の差としても起こっていることが明らかにされている（Tanner, 1981；本講座3「進化」，同8「成長」参照）。

　人体の体型を肥満度やプロポーションに着目しながら分類する試みはフランスで早くから行なわれ，呼吸型，筋肉型，消化型，脳型などの分類が行なわれていたが，多分に直感的なものであった。しかし，1920年代にドイツの精神医学者クレッチマー（E. Kretschmer）が，分裂病と躁鬱病という二つの精神疾患と細長型と肥満型という二つの体型とのあいだに関係を認めて以来，体型と性格・気質の関係に関する研究は体質学と呼ばれて盛行した。この分野はアメリカのシェルドン（Sheldon, 1940）によってさらに大きな発展を遂げたが，その後，体質類型学の方法論に主観的な部分があることが指摘され，現在では不振に陥っている。

　生体人類学の中で近年もっとも急速に発展を続けているのは人間工学あるいは人類動態学（ergonomics or ergology）と呼ばれる分野である。ヒト＝機械系の要素としての人体に注目し，機械をヒトに適合させることを目的とする応用人類学の一分野で，衣服や靴や道具や家具の改良から始まり，学校設備，軍隊の装備，自動車や航空機の操縦席の設計などに関わるばかりでなく，温度，湿度，気圧などヒトの活動する環境全体をも視野に入れる方向で研究が進められている。日本では1987年にこの分野の専門学会として生理人類学会が設立され，機関誌"Applied Human Science"を刊行して活発に活動を続けている。

14 日本の人類学(1)──日本石器時代人論争

　日本における人類学・考古学の科学的な調査研究の始まりは，東京大学で動物学を講じたアメリカ人動物学者モース(E. S. Morse, 1838-1925)が明治10(1877)年に行なった東京の大森貝塚の発掘である。この発掘は好事家による骨董品収集の発掘と異なり，遺物の破片はもちろん，動物の骨や貝殻や人骨片まで丹念に採集しており，その成果は東京大学の最初の学術報告書として出版されている(Morse, 1879)。これによって，先史時代の日本列島に現代日本人とは異なる骨格の特徴をもった先住民が居住し，独特の文化を発達させていたことがはじめて明らかにされた。

　モースの発掘が先史人類学や考古学への道を開いたのに対して，現代日本人を対象とする自然人類学の分野を開拓したのは，東京医学校(東京大学医学部の前身)教授として明治9(1876)年に来日したドイツ人医学者ベルツ(E. Baelz, 1849-1913)である。医学教育と診療のかたわら，日本人の身体を詳細に観察・計測し，ヨーロッパ人と比較しながらその特徴を記載した(Baelz, 1883, 1885)。ベルツの残した明治初期の日本人の体格の記録は，その後の変化をたどるための基準的な資料として貴重であるが，計測法の統一がなされる以前のものであるため，現在の計測値と直接には比較できない項目が少なくないのが残念である。かれは日本人の構成についても考察し，朝鮮・中国系の長州型とマレー系の薩摩型とアイヌの3要素から成っているという所説を述べている。多分に直感的な考えではあったが，のちの日本人研究に大きな影響を及ぼしたことは言うまでもない。

　もっぱら外国人によって研究が行なわれていた時代は短く，明治17(1884)年には日本人による人類学会が設立された。その中心人物は当時まだ東京大学理学部の生物学科の学生であった坪井正五郎(1863-1913)である。最初の会員はわずか10名，その大部分は学生であった。学会の名称は2年後に東京人類

学会と改められ，さらに昭和16年に日本人類学会となって今日に至っている。学会の機関誌は明治19年に創刊され，『人類学報告』から『東京人類学会報告』，『東京人類学会雑誌』をへて『人類学雑誌』となり，平成4 (1992) 年に第100巻を刊行したのを機に，翌年から英文誌となり，名称も "Anthropological Science" と改められて現在に至っている。

　機関誌創刊当初，寄稿者の便をはかるため，坪井が学会の研究項目をかかげたことがあるが，その内容は人類の解剖・生理・発育・遺伝・変遷，動物との比較，人類の起源などから，住居の変遷，貝塚，土器・石器・青銅器，横穴，原始墳墓，文字の歴史，言語の血統，……家族組織，部落組織，原始宗教・工芸・漁労・農業・衣食住，風俗習慣，そして人類の区別・移住・頒布などにまで及び，自然人類学，文化人類学，先史考古学の諸分野のほとんどを網羅していた。

　坪井は大学院で人類学を専攻したのち3年間イギリスに留学し，明治25年に帰国後，帝国大学理科大学（東京大学理学部）教授となり，翌年設置された人類学講座を担当した。坪井の人類学が大学の中で早くから地歩を築くことができたのは，徳川幕府系の学者のあいだの人脈の応援があったのではないか，という指摘がある（寺田, 1975）。坪井の創設した東京大学の人類学教室は，学科をともなわない研究機関であったが，昭和14 (1939) 年になって長谷部言人らの努力により，日本ではじめての人類学科が東京大学理学部に創設され，学部のレヴェルからの人類学専攻の道が開かれた。なお昭和37 (1962) 年には京都大学でも理学部動物学科の中に自然人類学の講座が設けられた。

　坪井時代の人類学は上述したようにきわめて広い研究分野にまたがるものであったが，やがて考古学や民族学の専門学会が設立され，人類学会の研究課題はしだいに自然人類学の分野に絞られるようになっていった。東京大学人類学教室の研究活動の範囲もこれとほぼ平行した傾向をたどり，坪井，鳥居龍蔵 (1870-1953) のあとを受けて大正14年に松村瞭 (1880-1936) が教室の主宰者となったころから徐々にその傾向を強め，昭和11年の松村の死後，長谷部言人 (1882-1969) の時代になって，人類学会も人類学教室も，ともに自然人類学

を主体とするようになった。

　昭和9年に日本民族学会が結成されて，日本でも人類学と民族学の学会が並立することとなったが，国際学会が1934年以来人類学と民族学の合同の大会を開催し続けているのと同様に，日本でも昭和11 (1936) 年以来，年次大会は両学会合同の形で開かれており，連合大会は戦争中一時中断したが，1996年で第50回を数えるまでに至っている。

　初期の日本の人類学界をもっとも賑わせたのはコロボックル論争である。モースの発掘で明らかにされた日本の石器時代人は，アイヌの伝説で語られている先住民コロボックルであると坪井が主張したのに対して，東京大学医学部の小金井良精 (1859-1944) がこれに反対してアイヌ説を唱えたことから本格化した論争である。日本列島にはもともとアイヌが広く居住していたという考えはシーボルトなどにも取り上げられて，通説のようになっていたのに対して，坪井は，日本石器時代人が残したような土器や石器や竪穴住居をアイヌは使っていない，北海道で発見される竪穴住居の跡や遺物類はアイヌの伝承によれば先住民コロボックルの残したものとされている，と指摘し，石器時代の各種の遺物の観察から，コロボックルは現在のエスキモに類似の民族であった，と推論した (坪井, 1897)。この考えは，いわば状況証拠を総合的に勘案した上での所説であった。それに対して，もう一方の小金井は，医学部学生時代にベルツの教えを受けて人類学を志し，ドイツで解剖学と並んで人類学の研究法を学んで帰国したあと，アイヌについての詳細な調査を行ない，その成果を踏まえた上で日本各地の貝塚で出土した人骨を研究した。当時はまだ貝塚人骨の資料は乏しく，ほとんどが四肢骨の断片であったが，骨幹の横断面の形態の比較などから，石器時代人の骨格がアイヌによく類似していることを確認し，それを根拠に強くアイヌ説を主張した (Koganei, 1893-1894；小金井, 1904)。

　この論争は坪井が満50歳の時，渡欧中に病をえてペテルブルグで客死したため，中断することとなったが，坪井の教え子にあたる鳥居龍蔵が，千島アイヌの遺跡で竪穴住居址と土器を発見し，アイヌ説を支持するようになったため，それ以来アイヌ説がコロボックル説に代わって通説とみられるようになっ

た。

　コロボックル論争が刺激となって各地の貝塚調査が盛んに行なわれた結果，大正期になるとしだいに石器時代の人骨資料が増加した。なかでも精力的に人骨発掘に取り組んだのが，京都大学の清野謙次（1885-1955）と東北大学（のちに東京大学）の長谷部言人である。

　清野は岡山県津雲貝塚，愛知県吉胡貝塚などで合計数百体にのぼる石器時代人骨の発掘に成功し，これらとアイヌのあいだにかなりの違いがあることを明らかにした。かれは多数の研究協力者の助力をえて，これらの人骨について詳細な計測を行ない，その結果を，初期の多変量解析の方法であるポニアトフスキの型差を使ってアイヌ，現代日本人と比較し，石器時代人とアイヌとの距離はアイヌと現代日本人の距離よりむしろ大きいことを見いだした。これを根拠に清野は日本石器時代人は日本人でもアイヌでもない，一つの独立した人種であると考え，これがのちに周辺から渡来した人びとと混血して，一方は日本人に，他方はアイヌに変化した，という仮説を提唱した（清野・宮本，1926；清野，1949）。今日，この考えは混血説と呼ばれている。

　これに対して長谷部の方は，清野ほど大量の人骨資料には恵まれなかったが，石器時代人と現代人の骨格形態をつぶさに観察し，その差は進化的な時代変化によって説明できる性質のものではないかと考えた。生活の様式が時代とともに変化し，労働内容や食生活の内容が変われば，おのずから筋肉・骨格の発達，咀嚼器官の発達も変わるはずである。石器時代人から現代人への変化は，旧人から新人への進化の延長としてとらえられるのではないか，というのが長谷部の仮説である（長谷部，1949）。この考えは後年になって変形説と呼ばれるようになっている（池田，1973）。

　清野，長谷部の時代には，縄文時代に続く弥生時代の人骨資料がほとんど発見されていなかったため，両説とも今ひとつ決め手に欠けるところがあったが，1950年代以後になって，九州大学の金関丈夫（1897-1983）と東京大学の鈴木尚（1912-）によって弥生時代人骨の発見が行なわれ，それぞれの説が新たな展開を見せることとなった。

金関は佐賀県の三津遺跡や山口県の土井ヶ浜遺跡で大量の弥生時代人骨を発掘し，その中に縄文人とはまったく異質な特徴（高身長，高顔，平坦顔）をもつものが多いことを明らかにして，弥生時代における渡来人の存在を証明した（金関，1976）。これによって清野の混血説は具体的な証拠によって裏付けられることとなった。一方，鈴木は関東の太平洋岸の洞窟遺跡で発見された弥生時代人骨を調査し，その形態が縄文時代人の形態から古墳時代人のそれへと連続的に移行してゆく状態を示していることを明らかにし，少なくとも関東地方においては長谷部の変形説が証明されたと考えた（鈴木，1963，1969）。

　こうして，西日本では縄文時代人が弥生時代に渡来人との混血の影響を強く受けて変化して行ったのに対して，東日本では縄文人自身が弥生文化を受け入れて自ら進化して徐々に古墳時代人の形態へと変わって行った，という考え方がほぼ定着し，通説となっていった。しかし，近年になって，渡来系と考えられる弥生時代人骨の発見が近畿地方から東海地方にまで及んでいるばかりでなく，東日本の古墳時代人骨の資料が増えるにつれて，弥生時代から古墳時代にかけての大陸系渡来人の強い影響が西日本ばかりでなく関東地方から東北地方南部にまで及んでいた可能性が強いと考えられるようになってきている（Yamaguchi, 1985）。

　1949年に群馬県笠懸村の岩宿遺跡で相沢忠洋によってローム層中の石器が発見され，日本にも旧石器時代があったことが証明されたが，日本の旧石器文化を支えたのがどういう人類であったのかを知る手がかりとなる人骨化石の発見はいまだに寥々たるものである。1957年に豊橋市牛川鉱山で上腕骨の骨幹部分の破片が発見されたのを皮切りに，1959年には静岡県三ヶ日町で，続いて1961年には同じく浜北市で，また1962年には大分県本匠村聖岳洞穴で人骨片が発見されたが，残念ながらいずれも断片的すぎて，得られる情報ははなはだ少ない（本講座5「日本人Ⅰ」参照）。唯一ほぼ完全な骨格化石は沖縄県港川の採石場で，1968年に地元の大山盛保氏によって発見され，鈴木尚らによって報告された港川人のみである（Suzuki & Hanihara, 1982）。港川では約18000年前の更新世人類の化石が4体分以上発見されているが，成人男性で頭

骨がほぼ完形で残っているのはそのうちの第1号だけである。鈴木によれば，この頭骨は一方で本州の縄文時代人に通ずる形態を示し，また同時に中国大陸の更新世後期の化石人類柳江人にも類似するところがあるとされている。

日本列島の縄文文化や旧石器文化はどちらかといえば大陸の北半部とのつながりが強いと言われており，今後は日本の北部での化石人類の発見に期待が寄せられる。

15　日本の人類学(2)——日本列島人の地域差

ヨーロッパの多くの国では，イギリスのベッドウによる研究（Beddoe, 1885）を皮切りに，自国民の人類学的特徴の地域差に関する大規模な調査が，繰返し行なわれている。ベッドウの場合は体色素の変異の分布を調べ，それとローマ人，ケルト人，ゲルマン人の分布との関係を論じたものである。続いてドイツでもウィルヒョウ（R. Virchow）が中心になって人類学会が数百万人の学童を対象に体色素の調査を行ない，詳細な分布地図を作成した（Virchow, 1886）。イタリアではリヴィ（R. Livi）が中心となり，全国規模で新兵の身長，体色素，頭示数の調査を行なった。これにならって他の多くのヨーロッパ諸国でも同様な新兵調査が行なわれた。とくにソ連での調査は連邦内の各国に及び，調査項目も詳細をきわめた。これらの結果は各国の民族史の研究の参考資料にされ，とくに時代を遡っての住民史の復元に利用された。たとえばドイツの場合，ウィルヒョウは，大河に沿って濃い体色素が分布している事実を，過去における通過貿易にともなう混血の結果と解釈した。ヨーロッパ以外でのこのような調査の試みとしては，おそらく日本の松村瞭によるものが最初である。

日本では，長谷部言人が全国で徴兵検査のさいに測られた身長の統計を人類学的な観点から分析したことがあるが，本格的に自ら生体を計測して全国的な地域差を調べたのは松村瞭が最初である。対象は成人男女8700人，項目は身

長，頭長，頭幅，頭示数の4項目で，のちの調査に比べれば規模は小さいが，結果は旧国別の色分け地図にまとめられ，周辺地域との比較も行なわれており，当時としては画期的な業績であった（Matsumura, 1925）。松村はきわめて慎重な性格の持ち主であったため，この研究結果から日本人の構成について大胆な所説を展開することは敢えてしなかったが，かれの論文の挿図には，日本列島の短頭型の中心が近畿地方と九州南部にあることが歴然と示されている。

東京大学の古畑種基は，1916年以来1933年までに報告された約30万人分の日本人のABO式血液型のデータを集計し，それを府県別に分けて地域差の有無を検討した。その結果が松村の編集した『日本民族』に掲載されている（古畑，1935）。それによれば，日本人における血液型出現率はO型30.5％，A型38.2％，B型21.9％，AB型9.4％であり，著しい地方差は見られないが，細かく観て行くと九州ではA型が多くてO型が少なく，逆に東北地方と北陸地方ではA型が少なくてO型が多いという傾向があり，B型の頻度には地方差はとくにないという。古畑はA，B，Oの各型の府県別の遺伝子頻度を色分けして地図に示しており，A型とO型の東西方向の勾配をはっきりと読み取ることができる。

第二次大戦終了後まだ間もないころにも二つの全国規模の人類学的調査が行なわれた。一つは奈良医科大学の上田常吉が昭和24年に組織した「日本人の生体測定班」，もう一つは昭和27年に発足した千葉大学の小池敬事を代表者とする「日本人の指紋研究班」によるもので，いずれも調査方法を統一し，文部省科学研究費の補助をえて4年間にわたって実施された。生体測定の被検者数は成人5万人以上，指紋の場合は学童24万人以上であった。

生体測定班の成果は町村ごとに集計されて謄写印刷の形で発表されているが，この研究班の幹事役をつとめた大阪大学の小浜基次は，この中から測定者間の誤差の少ない頭示数を取り上げ，自分自身で収集したデータも加えて分布地図を作成した。その結果，かつての松村の成績がさらに裏付けられ，日本人における短頭型の中心は畿内地方にあり，その傾向は西は瀬戸内海沿岸，東は

東海道から南関東までのび,それに対して山陰,北陸,東北地方の頭示数平均は中頭型の範囲に入ることが示された。小浜はこの結果から,アイヌ系の中頭の東北・裏日本型がまず広く日本に分布し,のちに朝鮮半島から短頭の集団が渡来し,瀬戸内海沿岸をへて畿内に本拠を定め,その一部がさらに東進して関東にも達したのであろう,という推論を展開した(小浜,1960)。

小浜の日本人構成論は単純明快でわかりやすいが,頭示数については,鈴木尚らの双生児の研究によって,遺伝的に安定な形質ではなく,環境の影響によって変化しやすいことが明らかにされている(鈴木・江原,1956)。現に日本人の頭形が中世の長頭型から時代とともに短頭化の傾向をたどってきた事実も証明されており(鈴木,1956;Suzuki,1969),河内まき子は現代日本人における頭示数の地域差は人種的背景ではなく,文化的背景で説明できる性質のものであると主張している(Kouchi,1986)。他方また,頭示数という一変量ではなく,対象を6項目に増やし,多重判別分析という方法で日本人の地方差を分析しなおした研究によれば,小浜による頭示数の分布とほとんど同じパタンの地域差が見いだされている(池田・多賀谷,1980)。東京大学の埴原和郎が昭和54～56年に全国17大学の解剖学教室や人類学教室の協力をえて行なった現代人頭骨の調査でも,多変量解析の結果,小浜の畿内型と東北・裏日本型に似た地域区分が認められている(Hanihara,1985)。

小池らの指紋班の成果は各県の各郡ごとに集計されて発表されており,4種の指紋型の出現率が4枚の等高線地図にまとめられている(Koike,1960)が,これから地域差の全体的な傾向を読みとることはかなり困難である。そこでこの班の幹事役であった札幌医科大学の三橋公平は,各型の出現率から指紋三叉示数を計算し,それを地方別に集計することによって地域差の傾向を検討した。その結果,東北地方ではこの示数が小さく,南下するにしたがって大きくなる傾向があり,東北地方の示数はアイヌのそれに類似し,西日本の示数は朝鮮半島などアジア大陸のそれに近いことが明らかとなった(三橋,1972)。

生体測定や指紋ほど精細な地域データは揃っていないが,ユニークな日本人研究として見落とせないものに京都大学の足立文太郎(1865-1945)の業績があ

る。足立は日本人の血管系や筋系の人種比較解剖学の分野で大きな業績を挙げた解剖学者であるが,晩年に汗腺の一種であるアポクリン腺の発達度の人種的変異に注目し,アジア大陸の東部では一般に発達が弱いのに対して,日本のアイヌと沖縄人ではよく発達し,本土の日本人ではそれらと大陸との中間であることを明らかにした。この研究は未完の遺稿の形で残されていたが,小片保と寺田和夫が整理して刊行した(Adachi, 1981)。この研究も日本人の複合的な成立ちを示唆している。

1964年には国際生物学事業(IBP)が発足し,その一環として日本でもさまざまな研究が行なわれたが,その中の人類適応能分野の研究課題の一つに日本人における遺伝的多型の分布の問題が取り上げられ,国立遺伝学研究所の松永英を中心とする研究班によって1968年から5年間調査が行なわれた。対象となった形質には各種の血液型をはじめ,赤血球酵素型,血清タンパク質型,ヘモグロビン型,その他の生化学的多型まで含まれている。その成果はそれまでに報告されていたデータと合わせて地域ごとに集計され,一覧表の形で出版された(Watanabe, Kondo, & Matsunaga, 1975)。これによって遺伝的多型の出現率からも沖縄がアイヌに近く,東北地方がそれに次ぐことが明らかになっている(本講座6「日本人II」参照)。

付記: ここで取り上げた分野以外での日本の人類学については,本巻第4章のほか,下記の2書がその概況をよく伝えている。
・Kondo, S.(ed.) (1983) *Recent Progress of Natural Sciences in Japan, Vol. 8 Anthropology.* Science Council of Japan, Tokyo
・日本人類学会編(1984)『人類学−その多様な発展』 日経サイエンス社,東京

なお,世界的な規模での自然人類学史としては,Frank Spencer編集の"History of Physical Anthropology：An Encyclopedia"が近くニューヨークのGarland Pressから出版される予定である。(追記：1997年に刊行された。)

参考文献

Ackerknecht, E. H. (1953) *Rudolf Virchow*. Univ. Wisconsin Press, Madison. (舘野之男, 他訳『ウィルヒョウの生涯』 サイエンス社, 1984)

Adachi, B.(1981) *Körpergeruch, Ohrenschmalz und Hautdrüsen*. Anthrop. Soc. Nippon, Tokyo.

Baelz, E. (1883, 1885) Die körperlichen Eigenschaften der Japaner. *Mitt. Deutsch. Ges. Nat.- u. Völk.-kd. Ostas.*, 3 : 330-359, 4 : 35-103.

Beddoe, J. (1885) *The Races of Britain*. Arrowsmith, Bristol.

Berry, A. C. & R. J. Berry (1967) Epigenetic variation in the human cranium. *J. Anat.*, 101 : 361-379.

Black, D. (1927) On a lower molar hominid tooth from the Chou-Kou-Tien deposit. *Palaeontol. Sin.*, D, 7 : 1-28.

Boas, F. (1912) *Changes in Bodily Form of Descendants of Immigrants*. Columbia Univ. Press, New York.

Bolk, L. (1926) *Das Problem der Menschwerdung*. Fischer, Jena.

Boyd, W. C. (1963) Genetics and the human race. *Science,* 140 : 1057-1065.

Brace, C. L. & A. Montagu (1977) *Human Evolution*. Macmillan, New York.

Broom, R. & G. W. H. Schepers (1946) The South African fossil ape-men, the Australopithecinae. *Transv. Mus. Mem.*, 2 : 7-153.

Cann, R. L., M. Stoneking, & A. C. Wilson (1987) Mitochondrial DNA and human evolution. *Nature,* 325 : 31-36.

Coon, C. S., S. M. Garn, & J. B. Birdsell (1950) *Races*. Thomas, Springfield. (須田昭義・香原志勢訳『人種』みすず書房, 1957)

Cummins, H. & C. Midlo (1943) *Finger Prints, Palms and Soles*. Blakiston, Philadelphia.

Dart, R. A. (1925) *Australopithecus africanus* : The man-ape of South Africa. *Nature,* 115 : 195-199.

Dawson, C. & A. S. Woodward (1913) On the discovery of a Palaeolithic human skull and manidble in a flint-bearing gravel overlying the Wealden (Hastings Bed) at Piltdown, Fletching (Sussex). *Quart. J. Geol. Soc. Lond.*, 69 : 117-151.

Deniker, J. (1900/1926) *Les Races et les Peuples de la Terre*. Masson, Paris.

Dodo, Y. & H. Ishida (1990) Population history of Japan as viewed from cranial nonmetric variation. *J. Anthrop. Soc. Nippon,* 98 : 269-287.

Dubois, E. (1894) *Pithecanthropus erectus, eine menschenähnliche Übergangsform aus Java*. Landesdruckerei, Batavia.

Eickstedt, E. v. (1934) *Rassenkunde und Rassengeschichte der Menschheit*. Enke, Stuttgart.

Fischer, E. (1913) *Die Rehobother Bastards und das Bastardisierungsproblem beim Menschen.* Fischer, Jena.

Fisher, R. A. (1936) The use of multiple measurements in taxonomic problems. *Ann. Eug.*, 7 : 179-188.

Flower, W. H. (1885) On the classification of the varieties of the human species. *J. Anthrop. Inst. (Lond.)*, 14 : 378-393.

Fuhlrott, C. (1859) Menschliche Überreste aus einer Felsengrotte des Düsselthals. *Verh. Naturh. Ver. Preuss. Rheinl. Westf.*, 16 : 131-153.

古畑種基（1935)「血液型より見たる日本人」『日本民族』 83-110, 岩波書店, 東京.

Goodman, M. (1962) Immunochemistry of the primates and primate evolution. *Ann. N. Y. Acad. Sci.*, 102 : 219-234.

Haddon, A. C. (1934) *History of Anthropology.* Watts, London.

Hanihara, K. (1985) Geographic variation of modern Japanese crania and its relationship to the origin of Japanese. *Homo*, 36 : 1-10.

長谷部言人（1949)『新日本史講座1 日本民族の成立』 中央公論社, 東京.

Hasegawa, M., et al. (1984) A new molecular clock of mitochondrial DNA and the evolution of hominoids. *Proc. Japan Acad.*, B 60 : 95-98.

Hirszfeld, L. & H. Hirszfelt (1919) Serological differences between the blood of different races. *Lancet*, 197 : 675-679.

His, W. & L. Rütimeyer (1864) *Crania Helvetica.* Georg, Basel.

Hooton, E. A. (1930) *The Indians of Pecos Pueblo : A Study of Their Skeletal Remains.* Yale Univ. Press, New Haven.

Hooton, E. A. (1946) *Up from the Ape.* Macmillan, New York.

Howells, W. W. (1973) Cranial variation in man. *Papers Peabody Mus. Archaeol. Ethnol.*, 67.

Hug, E. (1940) Die Schädel der frühmittelalterlichen Gräber aus dem Solothurnischen Aaregebiet. *Z. Morph. Anthrop.*, 38 : 359-528.

Huxley, T. H. (1863) *Evidence as to Man's Place in Nature.* Williams & Norgate, London.

Huxley, T. H. (1870) On the geographical distribution of the chief modifications of mankind. *J. Ethnol. Soc. Lond.*, ns. 2 : 404-412.

池田次郎（編)(1973)「日本人種論」『論集日本文化の起源5』1-300, 平凡社, 東京.

池田次郎・多賀谷昭（1980)「生体計測値からみた日本列島の地域性」 人類学雑誌 88 : 397-410.

Johanson, D. C., T. D. White, & Y. Coppens (1978) A new species of the genus *Australopithecus* (Primates : Hominidae) from the Pliocene of Eastern

Africa. *Kirtlandia,* 28 : 1-14.
金関丈夫（1976）『日本民族の起源』法政大学出版局，東京.
Keith, A. (1915/1925) *The Antiquity of Man.* Williams & Norgate, London.
清野謙次（1949）『古代人骨の研究に基づく日本人種論』岩波書店，東京.
清野謙次・宮本博人（1926）「津雲石器時代人はアイヌ人なりや；再び津雲貝塚石器時代人のアイヌ人に非らざる理由を論ず」考古学雑誌 16 : 483-505, 568-575.
Knussmann, R.(hrsg.) (1988-) *Anthropologie, Handbuch der Vergleichenden Biologie des Menschen.* Fischer, Stuttgart.
Koganei, Y. (1893-94) Beiträge zur physischen Anthropologie der Aino, I, II. *Mitt. Med. Fak. Univ. Tokyo,* 2 : 1-249, 251-404.
小金井良精（1904）『日本石器時代住民』春陽堂，東京.
小浜基次（1960）「生体計測学的にみた日本人の構成と起源に関する考察」人類学研究 7 : 56-65.
Köhler, W. (1917) *Intelligenzprüfungen an Menschenaffen.* Springer, Berlin. （宮孝一訳『類人猿の智慧試験』岩波書店, 1938）
Koike, K.(hrsg.) (1960) *Studien über die Fingerleistenmuster der Japaner.* Japan. Ges. Förd. Wissenshaftl. Forsch., Tokyo.
Kouchi, M. (1986) Geographic variations in modern Japanese somatometric data : A secular change hypothesis. *Univ. Mus., Univ. Tokyo, Bull.,* 27 : 93-106.
Leakey, M. D. & R. L. Hay (1979) Pliocene footprints in the Laetolil Beds at Laetoli, northern Tanzania. *Nature,* 278 : 317-323.
Le Gros Clark, W. E. (1947) Observations on the anatomy of the fossil Australopithecinae. *J. Anat.,* 81 : 300-333.
Le Gros Clark, W. E. (1955) *The Fossil Evidence for Human Evolution.* Univ. of Chicago Press, Chicago.
Mahalanobis, P. C. (1936) On the generalized distance in statistics. *Proc. Nat. Inst. Sci. India,* 2 : 49-55.
Martin, R. (1914/1928) *Lehrbuch der Anthropologie.* Fischer, Jena.
Martin, R. & K. Saller (1957-66) *Lehrbuch der Anthropologie.* (3. Aufl.). Fischer, Stuttgart.
Matsumura, A. (1925) On the cephalic index and stature of the Japanese and their local differences. *J. Fac. Sci., Univ. Tokyo,* V, 1 : 1-312.
Mellars, P. & C. Stringer(eds.) (1989) The Human Revolution. Edinburgh Univ. Press, Edinburgh.
三橋公平（1972）「日本人の指紋」日本交通医学会誌 26 : 90-92.
Morse, E. S. (1879) Shell mounds of Omori. *Mem. Sci. Dept., Univ. Tokio,* 1

: 1-36.

Nei, M. & A. K. Roychoudhury (1982) Genetic relationship and evolution of human races. *Evol. Biol.*, 14 : 1-47.

Pearson, K. (1926) On the coefficient of racial likeness. *Biometrika*, 18 : 105-117.

Penrose, L. S. (1954) Distance, size and shape. *Ann. Eug.*, 18 : 337-343.

Rensch, B. (1935) Umwelt und Rassenbildung bei warmblütigen Wirbeltieren. *Arch. Anthrop.*, 23 : 326-333.

Retzius, A. A. (1842) *Om Formen af Nordboarnes Cranier.* Norstedt, Stockholm.

Robinson, J. T. (1954) Prehominid dentition and hominid evolution. *Evolution*, 8 : 324-334.

Sarich, V. & A. Wilson (1967) Immunological timescale for hominid evolution. *Science*, 158 : 1200-1203.

Schiller, F. (1979) *Paul Broca.* Univ. California Press, Berkeley.

Schultz, A. H. (1924) Growth studies on primates bearing upon man's evolution. *Amer. J. Phys. Anthrop.*, 7 : 149-164.

Schultz, A. H. (1969) *The Life of Primates.* Weidenfeld & Nicolson, London.

Schwalbe, G. (1899) Studien über *Pithecanthropus erectus* Dubois. *Zeits. Morph. Anthrop.*, 1 : 16-240.

Schwidetzky, I. (1962) Das Grazilisierungsproblem. *Homo*, 13 : 88-195.

Schwidetzky, I.(1988) Geschichte der Anthropologie. In : R. Knussmann (hrsg.), *Anthropologie*, Band I, 1. Teil, 47-126. Fischer, Stuttgart.

Sheldon, W. (1940) *The Varieties of Human Physique.* Harper, New York.

Simons, E.(1961) The phyletic position of *Ramapithecus. Postilla* (Yale Peabody Mus.), 57 : 1-9.

Smith, F. H. & F. Spencer(eds.) (1984) *The Origins of Modern Humans.* Liss, New York.

Spencer, F. (1990) *Piltdown : A Scientific Forgery.* Nat. Hist. Mus., London. (山口敏訳『ピルトダウン』 みすず書房, 1996)

鈴木尚(編)(1956)『鎌倉材木座発見の中世遺跡とその人骨』 岩波書店, 東京.

鈴木尚 (1963)『日本人の骨』 岩波書店, 東京.

Suzuki, H. (1969) Microevolutional changes in the Japanese population from the prehistoric age to the present-day. *J. Fac. Sci., Univ. Tokyo*, V, 3 : 279-309.

鈴木尚・江原昭善 (1956)「双生児の生体計測」『双生児の研究II』50-77, 日本学術振興会, 東京.

Suzuki, H. & K. Hanihara (1982) The Minatogawa Man. *Univ. Mus., Univ.*

Tokyo, Bull., 19.
Tanner, J. M. (1981) *A History of the Study of Human Growth.* Cambridge Univ. Press, London.
寺田和夫 (1975)『日本の人類学』思索社, 東京.
Theunissen, B. (1989) *Eugène Dubois and the Ape-Man from Java.* Kluwer Academic, Dordrecht.
Thomson, A. & L. H. D. Buxton (1923) Man's nasal index in relation to certain climatic conditions. *J. R. Anthrop. Inst.*, 53 : 92-122.
坪井正五郎 (1897)「石器時代総論要領」『日本石器時代人民遺物発見地名表』9-24, 東京帝国大学, 東京.
Uhlenhuth, P. (1904) Ein neuer biologischer Beweis für die Blutverwandtshaft zwischen Menschen- und Affengeschlecht. *Korr. Bl. Dtsch. Ges. Anthrop. Ethnol. u. Urgesch.*, 35 : 114-118.
Unesco (1952) *The Race Concept.* Unesco, Paris.
Vallois, H. V. (1948) *Les Races Humaines.* Presses Univ. de France, Paris. (寺田和夫訳『人種』白水社, 1953)
Virchow, R. (1886) Gesamtbericht über die von der deutschen anthropologischen Gesellschaft veranlassten Erhebungen über die Farbe der Haut, der Haare und der Augen der Schulkinder in Deutschland. *Archiv für Anthropologie,* 16 : 275-476.
Watanabe, S., S. Kondo, & E. Matsunaga (eds) (1975) *Anthropological and Genetic Studies on the Japanese.* Univ. of Tokyo Press, Tokyo.
Weidenreich, F. (1943) The skull of *Sinanthropus pekinensis. Palaeontol. Sin.*, ns. D, 10 : 1-291.
Weiner, J. S. (1955) *The Piltdown Forgery.* Oxford Univ. Press, London.
White, T. D., G. Suwa, & B. Asfaw (1994/1995) *Australopithecus ramidus,* a new species of early hominid from Aramis, Ethiopia. *Nature,* 371 : 306-333 ; 375 : 88.
Yamaguchi, B. (1985) The incidence of minor non-metric cranial variants in the protohistoric human remains from eastern Japan. *Bull. Nat. Sci. Mus.*, D, 11 : 13-24.
Zuckerman, S. (1932) *The Social Life of Monkeys and Apes.* Kegan Paul, London.

(平成8年8月稿)

4　日本の人類学の現況

□　山口　敏

　明治以来の日本の人類学の歴史を詳述した寺田和夫の労作『日本の人類学』(1975) は，日本が無条件降伏した1945年8月までで終わっている。
　この章では，その後をうけて，多様化した20世紀後半の日本の人類学の諸分野について，それぞれの発展の様相を概観することとするが，各分野の研究成果の具体的な内容は，本講座第2巻以下の各巻や，日本人類学会が創立百周年を記念して編集発刊した『人類学－その多様な発展』(1984) に紹介されている。

1　化石人類の研究

　日本列島では人類の足跡は完新世の縄文時代より前には遡らないものと長いあいだ信じられていたが，1949年に群馬県の岩宿遺跡で更新世に降り積もった火山起源のローム層の中からヨーロッパの旧石器に似た打製石器が相沢忠洋氏によって発見され，それ以来急速に更新世の旧石器文化の研究が進展して，その時代の人類の化石の発見にも期待が寄せられるようになった。
　しかし，日本列島の火山灰性土壌では，石器は残っても骨類の残る可能性は少なく，考古学の側での石器文化の研究が順調な発展を示したのにひきかえ，人類学の研究対象となる人骨化石はなかなか発見されなかった。ようやく1957年になって，愛知県豊橋市牛川の石灰岩採石場で，地元の石川一美が人

骨らしい化石の断片を発見し，東京大学の鈴木尚と高井冬二らの調査によって，更新世の獣骨化石を伴うヒトの左上腕骨の骨幹部であることが確認された。鈴木はこれを身長約 135 cm の成人女性のものと推定し，三角筋粗面の形態などにネアンデルタール人との類似を認めた。

　この発見によって，東海地方の石灰岩地帯が注目され，1958 年には静岡県三ヶ日町の只木採石場で，また 1960 年から 62 年にかけて同じく浜北市根堅の採石場でそれぞれ数点の人骨化石が更新世後期の獣骨に伴って発見された。いずれも保存状態が不完全であり，顔面頭蓋などの重要部分を欠いているため，詳細な特徴が明らかでないが，これらも鈴木の研究によって，新人の段階に属すること，牛川人に似て低身であること，縄文時代人にも共通する特徴を一部に備えていることなどが明らかになっている（Suzuki, 1982）。

　1962 年には大分県本匠村の聖岳洞穴で，日本列島では初めて後期旧石器時代の石器を伴う人骨化石が発見されたが，後頭部と前頭部の断片だけで，形態的な情報の量は残念ながら乏しかった。これを記載した小片保は，後頭部の矢状輪郭の形態に周口店山頂洞出土の化石新人との類似を認めている（小片，1967）。

　1968 年には沖縄県那覇市の山下町洞窟で 7 歳前後の小児の下肢骨化石が発見され，放射性炭素法によって 32000 年前という年代が得られている。また 1967 年から 70 年にかけて，那覇市の大山盛保が沖縄本島南端に近い具志頭村の港川採石場で多数の人骨化石を採集した。これらの化石はその後の調査によって少なくとも 5 個体以上に属し，年代は約 18000 年前であることが明らかとなった。この中の 1 号人骨（成人男性）は顔面を含めて頭蓋がほとんど完全な形で保存されており，鈴木尚らの研究によって，一方では本州方面の縄文時代人に，また他方では中国南部広西壮族自治区の化石新人柳江人に類似すること，身長は低いことなどが明らかにされている（Suzuki & Hanihara, 1982）。鈴木はこの研究結果から，現代日本人と中国南部や東南アジアの住民との形態的な類似は，更新世におけるアジア大陸東南部から日本列島への移住に起因していると推論している。琉球列島ではこのほかにも化石人類が各地で発見され

ているが，港川人以外はいずれも断片的である。

　これら日本列島出土の化石人類の年代に関しては，松浦秀治が研究の現状をまとめている (Matsu'ura, 1999)。

　かつて 1931 年に直良信夫が兵庫県明石市の海岸で発見した左寛骨の化石は，十分な研究が行なわれないまま，太平洋戦争中に空襲によって直良の自宅とともに消失したが，1948 年になって長谷部言人が，東京大学人類学教室に残されていた石膏模型と写真に注目し，原人の可能性があると考えて，*Nipponanthropus akashiensis* の通称を与えてこれを記載した（長谷部，1948）。長谷部が記載した当時は，これと比較すべき原人の寛骨が世界のどの地域でもまだ発見されていなかったため，推論に頼らざるを得なかったのであるが，その後アフリカやヨーロッパで原人段階の人類の寛骨化石が発見されたため，1980 年代になって改めて石膏模型に関して形態学的な比較研究が東京大学の遠藤萬里らによって試みられた。その結果，明石の寛骨には，原人寛骨の特徴は認められないことが明らかになり，現在では新人のものと考えられるようになっている (Endo & Baba, 1982)。

　以上に述べたのは日本列島出土の化石人類に関する研究の主なものであるが，イスラエルのアムッド人をはじめ，海外地域の出土資料に関する研究もあり，近年では国内よりもむしろ海外での成果が目立つようになっている。

　東京大学西アジア洪積世人類遺跡調査団（団長 鈴木尚）の最初の大きな成果は，1961 年のイスラエルのアムッド洞窟調査によるほぼ完全なネアンデルタール成人男性骨格の発見である。正確な年代は不明であるが，形態的にはシャニダール人やタブン人で代表される西アジア・ネアンデルタール人に類似する一方で，同地域の化石新人であるスフール人やカフゼー人とも共通する特徴を示すところから，鈴木はこの個体は旧人から新人への移行の段階にあるものと解釈した (Suzuki & Takai, 1970)。西アジアでは，その後も各国の調査団によって更新世後期の人類化石の発見が相次いで行なわれ，現代型ホモ・サピエンスとネアンデルタール人との関係をめぐる熾烈な議論が続けられており，その中でのアムッド人の位置付けはますます重要度を増してきている。

最近では，東京大学（のち国際日本文化研究センター）の赤沢威らによるシリアのデデリエ洞窟での発掘調査によって，ネアンデルタール人の幼児骨格が2体発見され，ネアンデルタール研究に新しい境地を開きつつある（Akazawa et al., 1995；Dodo et al., 1998）。

インドネシアのジャワ島では，1976年から東京大学の渡辺直経らが，従来現地住民によって偶然の機会に発見されていたジャワ原人化石の出土地層について，現地研究者と共同で，層位学，古生物学，年代学の立場から調査を開始していた（Watanabe & Kadar, 1985）が，この共同研究は現在では国立科学博物館の馬場悠男らに引き継がれ，サンギラン17号（通称ピテカントロプスⅧ号）頭蓋の再復元などの成果を挙げている（Aziz et al., 1996；Baba et al., 1998）。

1980年からは京都大学の石田英実らによる東アフリカでの化石探索も開始され，1982年にはケニア北部のサンブル地域で中新世後期のホミノイドの上顎骨を発見（のちに *Samburupithecus* と命名）したのを始め，1997年には同じくナチョラ地域で中新世中期の *Kenyapithecus* の四肢骨を発見するなどの成果を挙げている（Ishida et al., 1984；Nakatsukasa et al., 1998）。また東京大学の諏訪元は T. D. White らの国際調査団に参加し，1992～93年にエチオピアのアラミスで440万年前の火山灰層の直上から原始的な猿人の化石を発見し，*Australopithecus ramidus*（のちに *Ardipithecus ramidus* と改名）という新種を記載したほか（White et al., 1994），1996～98年には *Australopithecus garhi* の完全頭蓋などを発見している（Asfaw et al., 1999）。

ジャワ，西アジア，アフリカでの発掘調査はいずれも現在なお継続中である。

●─────2 日本列島人の時代的変化に関する研究

完新世に入ると大陸では旧石器時代が終わり，代わって土器と磨製石器と農耕経済を特徴とする新石器文化が各地に出現するが，海によって大陸から切り

離された日本列島では，土器と磨製石器は出現したが，本格的な農耕は行なわれず，狩猟採集に漁撈を加えた生業に基づく生活が長いあいだ続けられた。この時代は，当時作られた縄文式土器に因んで縄文時代と呼ばれている。紀元前一千年紀の後半になってようやく大陸から水田稲作と金属器の文化が伝えられ，日本列島は一気に金属器時代に入ることとなった。この時代は当時作られた弥生式土器に因んで弥生時代と呼ばれている。紀元300年ごろには大規模な墳丘墓が築造される古墳時代に入り，600年ごろから歴史時代の幕が開き始めた。

縄文時代人の骨格については，1890年代以来の小金井良精による研究をはじめ，1920年代以降の長谷部言人，清野謙次らの研究によって，現代日本人とは著しく異なり，北日本のアイヌや海外の狩猟採集民の骨格に類似する特徴をもつことが知られていたが，当時の研究対象のほとんどは縄文時代中期以降の貝塚遺跡の出土人骨に限られていた（たとえば，清野，1949）。

戦後の縄文人研究の重要な動向の一つは，それまでほとんど発見例のなかった前期以前の人骨資料が少しずつ蓄積され，中期以後の人骨との違いが明らかになってきたことである。鈴木尚による先駆的な研究の対象となったのは，神奈川県平坂貝塚の縄文早期人骨1体であるが，歯の特殊な摩耗痕や，中足骨のハリス線の研究がよく知られている（鈴木，1950）。その後日本考古学協会の洞穴遺跡調査特別委員会の活動によって，全国各地の縄文早期から前期にかけての人骨の発見例がしだいに増加した。小片保は1981年の時点で縄文時代早前期人骨のデータを集計し，後半の時期（中後晩期）の資料との比較を行なった（小片，1981）。それによれば，早前期人は全般的にやや華奢であるが，顔面頭蓋の高さが低く，四肢骨骨幹の扁平度が強いなど，縄文人の特徴が誇張された形で表われており，歯を食物の咀嚼以外の用途にも酷使することが多く，栄養状態は概して不良であったようである。

縄文時代前半の時期の人骨には，身長の比較的低い個体が目立ち，日本列島の更新世人類とのつながりが考えられるのであるが，地域によっては身長の高い個体も発見されており，初期縄文人の構成は地域的に多様であった可能性も

否定できない。更新世から完新世への移行の問題に取り組むには，今後さらに資料を追加することが必要である。

　縄文時代後半になると，地域差は目立たなくなり，北海道から九州までほとんど一様な形態を示すようになる。この段階の縄文人について中国大陸の古人骨のデータと比較した山口敏は，縄文人が時代的に近い華北地方の新石器時代人とは大きく異なり，むしろ旧石器時代の柳江人などに近い形態をもっていることを明らかにした（Yamaguchi, 1982）。また，北日本のアイヌとの関係については，北海道での古人骨の発掘調査が進み，北海道の縄文時代人が本州の縄文時代人にきわめて近い関係にあり，その特徴の多くが続縄文時代人，擦文時代人を経て，徐々に繊細化しながら近世のアイヌに受け継がれてきたことも明らかにされた（山口 1974；Dodo, 1986；三橋ほか，1987；百々，1995）。なお，日本列島以外の地域との比較研究としては，京都大学の片山一道らによるポリネシア人に関する一連の研究が挙げられる（Katayama, 1990）。

　戦後の古人骨研究の最大の成果の一つは西日本におけるまとまった数の弥生時代人骨の発見である。九州大学の金関丈夫らが，1950年代に佐賀県の三津遺跡と山口県の土井ヶ浜遺跡で多数の人骨を発見するまでは，弥生時代の人骨資料はごく限られていた。鈴木尚は，関東地方の沿岸部の洞窟遺跡で出土した比較的少数の人骨を詳細に研究し，その中に縄文人の特徴をもつもの，古墳時代人の特徴を備えるものがあるほかに，両者の中間の特徴をもつ例も認められることに注目し，この時代に縄文人が外来の新文化を受け入れて生活環境を変化させ，その結果として自らの形質を連続的に変化させて徐々に古墳時代人の形態に移行していったのであろうと考えた（鈴木，1963；Suzuki, 1969）。

　それに対して金関は，三津と土井ヶ浜の弥生人骨が明らかに縄文人よりも平均身長が高く，顔の形態も彫りの深い低顔型の縄文人とは対照的に，扁平でかつおもなが（高顔）であることを明らかにし，おそらくは朝鮮半島南部からの渡来人の影響を強く受けた集団であろうと考えた（金関，1966 など）。当初，金関は渡来人の影響は一時的であり，多少の影響を残してやがては土着の縄文系の人びとに吸収されたものと考えたようである。しかしその後，九州大学に

おける金関の後継者，永井昌文らの努力によって，渡来系弥生人の分布は，永井の言葉を借りれば，点状から面状のひろがりを見せるようになり，弥生時代以後の日本列島人の形成に根本的な影響を及ぼしたことが次第に明らかになってきた。百々幸雄らによる頭蓋の非計測的小変異の研究もこれを強く支持している（Dodo & Ishida, 1992）。金関と永井を中心として進められた九州大学の古人骨研究の成果は，永井の退官記念事業として出版された資料集に集大成されており，以後の弥生人研究にとっての貴重な基礎資料となっている（九州大学医学部解剖学第二講座編，1988）。

九州における渡来系弥生人の遺跡が福岡，佐賀両県の平野部を中心に分布していたのに対して，長崎県を中心とする西北九州の沿岸部には，関東地方と同様に，縄文人の特徴を受け継いだ弥生人が分布していたことも明かになっている（内藤，1971）。

この時代の渡来民の原郷については，1976年から80年にかけて韓国の禮安里遺跡で発見された人骨について日韓共同研究が行なわれ，その結果，金関の予想どおり日本の渡来系弥生人との類似が明らかになった（金・小片ほか，1993）。最近では中国大陸の山東半島や江淮地域の春秋〜漢代人骨についての日中共同研究も行なわれ，渡来の原郷の候補地は，黄海をめぐる広い地域にひろがってきている（韓・松下，1997；Yamaguchi & Huang, 1995）。

弥生時代から古墳時代にかけての大陸からの渡来の規模については，シミュレーションによる研究が進められており，当時の人口増加率の推定が一つの焦点になってきている（Hanihara, 1987；中橋・飯塚，1998）。

九州と中国地方に始まった渡来人の影響は弥生時代のあいだに東日本にまで部分的に及んだことが，松村博文らによる歯の研究によって明らかになってきたが（Matsumura, 1998），次の古墳時代になると縄文人由来の特徴が希薄となり，眉間から鼻骨周辺にかけての部位が平坦で，歯槽性突顎の傾向をもった個体が多数を占めるようになる。全国的にみて頭蓋長幅示数に地域差が認められ，とくに畿内地方人に短頭の傾向が著しい。この傾向は現代にまで続いている（寺門，1981；池田，1993）。

北海道では，5世紀から12世紀にかけて，在来系の続縄文文化や擦文文化のほかに，オホーツク文化と呼ばれる外来の文化がオホーツク海沿岸部に一時的にひろがったことがある。この文化の担い手については，はじめ網走市モヨロ貝塚の人骨が北海道大学の児玉作左衛門らによって研究され，アリュートであろうという仮説が提唱されたことがある（児玉，1948）が，その後，稚内や礼文島などでオホーツク文化系の人骨の追加発見があり，最近ではロシア側のデータとの比較研究が進んだ結果，おそらくはサハリンからアムール川下流にかけての地域に淵源をもつ集団であろうと考えられるようになっている（Ishida，1996）。

歴史時代人骨の研究の重要性に最初に着目したのは鈴木尚である。鈴木らは1953年に，鎌倉市材木座の遺跡で数百体にのぼる鎌倉時代人骨を発掘し，当時の日本人が現代人と異なって，著しく長頭型に傾いていたこと（平均示数74.2）を明らかにし，ヨーロッパで知られていたのと同じような中世以後の短頭化現象が日本でも起こっていたことを証明した（鈴木ほか，1956）。

鈴木らはまた，芝増上寺に葬られていた徳川将軍とその夫人たちの遺骨を調査し，当時の庶民に比べて顔面骨格が著しく細長く，顎骨が繊細で，歯の摩耗がほとんどないことを見いだした。鈴木はこれらの超現代人的な特徴を，洗練された食生活と選択結婚によって生じた一種の貴族形質と考えている（鈴木ほか，1967；鈴木，1985）。このほか江戸時代の庶民と大名の骨格については加藤征らによっても詳細な比較研究が行なわれている（加藤ほか，1986）。

日本列島の古人骨の研究では，長いあいだ計測値と形態特徴の比較にもとづく系統関係と時代変化に関する研究に主眼が置かれてきたが，近年では各時代の集団の健康状態を含めて，生活の内容を骨や歯に残された情報からできるだけ復元しようとする試みが企てられるようになっている。古人口学，古病理学，骨考古学などと呼ばれており，今後の発展が期待される分野である（Kobayashi，1967；小片，1972；森本，1981；山本，1988；Hirata，1990；鈴木，1998 など）。

なお，古人骨研究に欠かせない基礎的作業に，骨あるいは歯に基づく個体の

性・年齢の判定や，身長の推定がある。日本の人類学では伝統的に欧米人に関する基準が援用されてきたが，1950年代に入って埴原和郎が日本人の資料に基づいて恥骨結合面による年齢判定基準を作成した（埴原，1952）のを始めとして，判別関数による長骨や頭蓋の性別判定法を次々と発表した（埴原，1959）。1960年には藤井明によって，日本人の四肢骨に基づく身長推定式も発表され，それまで使われてきたピアソン法に代わって利用されるようになった（藤井，1960）。新しい年齢判定法は小林和正の古人口学研究（Kobayashi, 1967）に応用されて威力を発揮し，藤井の身長推定式は平本嘉助（1972）による日本人身長の時代的変遷に関する研究の基礎となった。最近では，断片的な古人骨資料から性別を判定するための判別関数や，縄文人の歯の咬耗に基づく年齢推定法も考案されている（Nakahashi & Nagai, 1986；茂原，1993）。

3　生体計測

　成人の生体計測値を地域ごとに集計することによって日本人の地域差を明らかにし，それを通じて日本人の成立過程を復元しようとする試みは，松村瞭による先駆的な研究（Matsumura, 1925）が行なわれて以来，漸次データが蓄積され，1940年には，日本人は縄文時代人とその後朝鮮半島や南方から渡来した集団との混血によって成立したという仮説が三宅宗悦によって提唱されていた（三宅，1940）。

　第二次世界大戦中の1942年から45年にわたっては，西成甫を中心とする研究班（日本人の標準体格調査委員会）によって，全国規模の生体計測が実施されたが，計測者間誤差の問題があって，本格的な地域差の分析を行なうには至らなかった（西，1952）。

　戦後になって，1949年に新たに上田常吉を代表とする生体計測研究班が結成され，計測方法の統一を図った上で，再び全国規模の計測調査を5年間にわたって行なった。その成果は地域ごとに集計され，謄写印刷の形で発表されて

いる。この研究班の幹事役を務めた小浜基次は，この研究班のデータのうち，頭長幅示数の地域差に注目し，自分自身で計測した韓国人やアイヌのデータをも加えて分析した。その結果，東北，北陸，山陰地方などには中頭型が分布するのに対して，近畿地方を中心に西は瀬戸内地方，東は東海から南関東にかけて短頭型が分布することが明らかとなった。小浜はこの二つを東北・裏日本型と畿内型と呼び，前者がアイヌに類似するのに対して後者は韓国人に類似することに注目し，本来日本列島にはアイヌに似た東北・裏日本型が分布していたところへ，朝鮮半島から畿内型が移住し，両者の混血によって現代日本人が成立した，という仮説を発表した（小浜，1960）。

　小浜の仮説は明確な数値に裏付けされており，議論も明快であったが，一方で古人骨の研究から，頭長幅示数はかつて考えられていたほど安定した人種形質ではないことが知られるようになってきたため，説得力に不足するところがあった。

　池田次郎らは，この点を補うため，1970年代までに蓄積されていた生体計測値の中から，計測者間誤差の少ない身長，肩峰幅，頭長，頭幅，頬骨弓幅，形態学顔高の6項目を選び，南西諸島のデータも含めて判別分析を行なった（池田・多賀谷，1980）。その結果，日本列島人は大きく，アイヌと本州・四国・九州人と南西諸島人の3集団に分かれること，本州・四国・九州の中では南九州人がややユニークであること，次いで東中国・近畿・東海・南関東と奥羽・北陸のあいだに差があること，などが明らかになった。

　小浜や池田らの研究で明らかになった本州中央部と周辺部との差異は，香原志勢によるユニークな表情筋運動の研究（Kohara, 1975）や，埴原らによる頭蓋計測値の比較研究（Hanihara, 1985）でも裏付けられている。

　瀬戸内から近畿・東海をへて南関東に至る短頭型の分布は，朝鮮半島からの移住民の影響を示すものと解釈されるのが普通であるが，頭形が時代とともに変化し，中世以後短頭化の方向をたどってきたという事実を踏まえ，日本人における頭形の地域差は，移住の影響によるのではなく，短頭化の速度の地域差にすぎない，という解釈も河内まき子によって提唱されている。河内は上述の

西らの残した全国的な生体計測のデータを分析し,頭示数の地域差が短頭型の近畿地方を中心とする同心円状を呈すると考え,頭示数と各地の食生活のパタンの間に高い相関関係が認められることから,文化の格差が短頭化の進行速度に地域差を生じさせたものと解釈した (Kouchi, 1983)。河内はその後さらに自分自身で計測を行ない,現在では短頭化が1940年代よりもさらに進行し,それにともなって短頭の分布の中心が東の方に移動していることを報告している (Kouchi, 1986)。

日本人の生体計測調査には,地域差ではなく,近代に入ってから急速に進行しつつある世代変化 (secular changes) の実態把握を目的とした研究や,衣服サイズの基準を作るための研究も少なくない。前者の例としては,Yanagisawa & Kondo (1973), Morita & Ohtsuki (1973), また後者の例としては柳沢澄子らによる一連の研究などがある (柳沢, 1958;Uetake, 1987)。衣服研究には計測点間の直線距離や周だけでなく,人体表面形態の三次元的な把握が望まれるため,モアレ縞を応用した三次元データも利用されている (たとえばAshizawa & Tsurumaki, 1979)。また近年では肥満問題と関連して体組成の研究も進められている (Hattori, 1991)。

最近の日本人の詳細な生体計測値のまとめとしては,1978−80年に発表された保志宏・河内まき子による成人男女各100名強に関する集計と,1994年に刊行された人体寸法データ集 (河内ほか, 1994) とがある。後者は成人男女各約250名の計測結果に基づいたものである。これらは将来行なわれる世代変化の研究にとって重要な比較データを提供することとなろう。

なお,上述の小浜基次らは,1960年代に入ると頻繁に海外調査を行ない,日本列島周辺地域の住民の生体計測を実施した。その足跡は台湾をはじめとして,インドシナ半島,インドネシア,バングラデシュ,インド,パキスタンにまで及んだ。ほぼ同じ時期には,順天堂大学の椿宏治らが東南アジアからインドにかけての地域で,また大阪市立大学の島五郎らはポリネシアの各地でそれぞれ生体計測や皮膚隆線の調査を行なっている。1956年から1981年までの海外調査とその成果の文献リストは,池田次郎が自身のイラン,イラクでの調査

も含めてまとめている（Ikeda, in Kondo, 1983）。その後のまとめとしてはたとえば欠田（1988），片山（1988）などがある。

4 指掌紋と歯の研究

(1) 指掌紋

　日本人の地域性に関する形態学的研究の中で，生体計測に次いで多くのデータが集積されているのは指掌紋である。

　1950年代から60年代にかけて全国各地の，主として医学部解剖学教室の研究者によって，地域別の調査が盛んに行なわれた。鹿児島大学の大森浅吉らは南九州を中心に，熊本大学の忽那将愛らは熊本県を中心に九州各県で，長崎大学の安中正哉らは長崎県を中心に中国，四国，南西諸島，韓国で，鳥取大学の小片保らは山陰地方を中心に，大阪市立大学の島五郎らは本州中央部，佐渡，北海道（アイヌ）で，東京慈恵会医科大学の徳留三俊らと千葉大学の三橋公平らは関東および東北地方で，それぞれ指掌紋の印象を採取し，膨大なデータを発表した。

　さらに1952年には千葉大学の小池敬事が文部省科学研究費による総合研究班を組織し，対象を指紋に限定して全国規模で調査を行ない，弓状紋，蹄状紋，二重蹄状紋，渦状紋の4型に分類してデータを各県の各郡ごとに集計した。その成果のうち男子約24万名に関する結果は1960年に，また女子約21万名分の集計結果は1987年に発表され，日本人の地域性に関する研究にとっての重要な基礎データとなっている（Koike, 1960；Mitsuhashi et al., 1987）。なお1960年の報告書には須田昭義の編集した詳細な文献目録が収録されている。三橋公平は1960年の報告書のデータから指紋三叉示数を算出し，日本列島にわずかながら南北方向の勾配が認められることを明らかにした（三橋，1972）。

　アイヌの指掌紋については，古畑種基らがそれまでに蓄積されていたデータ

を集計し，尺側蹄状紋の出現率が比較的高いところから，アイヌのコーカソイド起源説を支持した (Furuhata & Masahasi, 1949) が，木村邦彦は，総合的にみてアイヌはヨーロッパ人よりもアジア人に近い指掌紋をもっていると主張した (Kimura, 1962)。しかし，のちに日米混血児やアイヌと和人との混血児の指掌紋の調査結果をまとめた木村は，日本人と白人のあいだの距離よりは，アイヌと白人との距離の方が小さいと述べている (Kimura, 1974)。

日本列島以外の地域に関しても，島五郎らによるポリネシア人の研究や三木敏行らによるヒマラヤ地域での調査などがある (Shima, 1971；Miki & Hasekura, 1961 など)。

皮膚隆線は霊長類でとくによく発達した構造であるが，日本ではニホンザルの指掌紋もよく研究され，ある程度の地域差も報告されている (Iwamoto, 1964, 1967)。

また，指掌紋の遺伝に関しては，1948 年から始まった東京大学の双生児研究班による研究があり，一卵性双生児の指紋隆線数に高い群内相関が認められ (岡島, 1954, 1956, ほか)，浅香らは指紋の三叉示数が多因子の相加作用によるものと報告している (Asaka & Nakama, 1975)。しかし近年では，皮膚隆線の変異よりも遺伝的背景の明確な多型形質が多数発見されたため，研究者の関心が後者の方に移り，指掌紋の研究は下火になっている。

(2) 歯

生体の歯の形態学的研究は，生体人類学の中でも戦後とくに著しく発達した分野の一つである。その背景としては，すぐれた印象材の開発によって歯列の精確な石膏模型の採取が容易になったことを挙げることができる。またとくに人類学的な比較研究を各地で進めるに当って，アメリカの歯科人類学者 A. A. Dahlberg の作成した標準模型の役割もひじょうに大きかった。これによって歯冠の主な形態変異の分類基準が客観的に統一されるようになったからである。

日本でこの分野の先鞭をつけた一人は埴原和郎である。かれは須田昭義の組

織した日米混血児調査班の一員として，歯の研究を担当し，混血児をはじめ，日本人，アメリカの白人，黒人の歯冠形態の比較を行なったあと，さらに上述のDahlbergのもとで多くの石膏模型を観察し，その経験をもとに，モンゴロイドの歯に特徴的な頻度でみられる歯冠形態の組み合わせを明らかにし，これを類モーコ形質群（Mongoloid dental complex）と呼ぶことを提唱した（Hanihara, 1966, 1970）。組み合わせの内容は，上顎切歯のシャベル形，下顎大臼歯のプロトスタイリッド，屈曲隆線，第6咬頭，および第7咬頭の頻度が高く，上顎大臼歯のカラベリ結節の頻度が低いことである。

埴原らはこれらの形態コンプレックスに注目しながら沖縄住民やアイヌの歯冠形態を調査し，いずれも基本的にモンゴロイド集団に属しながら，両者とも古モンゴロイドに見られるいくつかの古代型の形質を保持していることを見出し，これらの特徴は縄文時代人から受け継いだものと考えた（埴原，1976, 1978）。

モンゴロイドの歯冠形態に関する研究は，その後アメリカのC. G. Turner IIによってさらに発展した。かれはモンゴロイドを大きく二つのグループに分け，中国北部からシベリアを経て，南北アメリカ大陸にまでひろがり，上顎切歯のシャベル形の発達程度が強く，下顎第1大臼歯に歯根が3本あるものが多いことなどを特徴とするグループを中国型（Sinodonts），それらの特徴が弱く，東南アジアを中心に分布するグループをスンダ型（Sundadonts）と呼ぶことを提唱した（Turner, 1987）。現在ではこの考え方が日本の研究者にも受け入れられ，日本列島の縄文時代人とアイヌはスンダ型に，弥生時代以降の日本人の多くは中国型に属すると考えられている（T. Hanihara, 1990；Matsumura, 1994）。

上顎切歯のシャベル形の意義に関しては数多くの研究が行なわれているが，溝口優司が先人による研究成果を踏まえた上で，パス解析の方法を適用してこの形質の意義を考察している（Mizoguchi, 1978）。

最近では海外での調査研究も増加しているが，その中では鈴木誠らによるポリネシアでの調査と，酒井琢郎らによるアフガニスタンでの調査が先駆的であ

る。これらの研究によって，アフガニスタンのパシュトゥンがコーカソイドの特徴をもち，ポリネシア人がモンゴロイドである日本人とパシュトゥンとの中間の特徴をもつことが明らかにされている (Sakai, in Kondo, 1983)。

歯の形態学分野での基礎的な研究として，人類学的にも注目されるものの一つに，酒井らによるエナメル・ゾウゲ境の研究がある（酒井ほか，1965-73）。この研究によれば，化石人類や他の霊長類の歯冠にみられる形態が，現代人ではエナメル質表面よりはゾウゲ質表面でより明瞭に認められるという。また近年ではモワレ縞などを応用した三次元計測法による歯冠表面形態の微細な変異の研究も進んでいる (Kanazawa et al., 1992)。

かつて小金井良精は縄文時代人骨について齲歯の研究を行なったが，この研究はその後佐倉朔に受け継がれ，古墳時代から近世に至る各時代の齲歯の調査に発展し，一人平均齲歯数の時代的な変遷が明らかにされている（佐倉，1964）。また最近では，海部陽介が歯の咬耗に関する分析的な研究を試み，時代的な変遷が前歯と後歯とで異なることを指摘している (Kaifu, 1999)。

臨床歯科医学の立場からの歯の人類学的研究も少なくない。中でも歯と顔面骨格との不調和（tooth-to-denture-base discrepancy）に注目した井上直彦らの研究がとくに活発である。井上らは縄文時代から近世に至る各時代の古人骨資料について統一された方法で調査を行ない，咬合不整，齲歯，咬耗，歯周疾患等についての膨大なデータを集積し，最近では調査の範囲を海外にまで拡大している（井上ほか，1986）。

なお，歯の分野に関しては，1998年から日本人類学会の中に「歯の人類学」分科会が設立されている。

5　遺伝的多型の研究

1960年代の始めごろまでは，ヒトにおける遺伝的多型としては，少数の血液型のほかにはPTC味盲（辻，1957）と耳垢型（松永，1959）と色盲が知られ

ていたに過ぎない。日本では古畑種基門下の研究者たちによる血液型の分布に関する研究がとくに進んでおり，全国的なデータが集積されていた（田中，1959；Nakajima，1961）。

その後蛋白質の多型を検出するための電気泳動技術が導入され，1975年までには30以上の遺伝的多型が日本でも調査されるようになった。その約3分の2は赤血球酵素と血清蛋白の多型であった。

1968年から1973年にかけて，国際生物学事業計画（IBP）の一環として，松永英を代表とする研究班が，全国規模で多型形質の遺伝子頻度の研究を展開し，その成果は多くの報告書にまとめられた（Watanabe, Kondo & Matsunaga, 1975 参照）。また須田昭義と渡辺左武郎を代表とする別の研究班は，1966年から1971年まで北海道日高地方のアイヌの調査を行なったが，その際にも遺伝的多型が調査され，上述の報告書にその成果が含まれている。そのほか，九学会連合による沖縄諸島住民の調査に際しても遺伝子頻度の調査が行なわれた（尾本ほか，1976）。

これらの調査の結果，北海道のアイヌと，本州・四国・九州の住民（狭義の日本人）と，南西諸島の沖縄人は，遺伝子頻度およびいくつかの標識遺伝子の存在によって互いに区別されるが，これら3集団に共通する特徴もあり，それらは東アジアの他のモンゴロイド集団とも共通していることが明らかになっている。

狭義の日本人は比較的均質であり，地域差は少ない。日本人の遺伝子プールは，低カタラーゼ血症（Takahara, 1968）や乾型耳垢（松永，1959）の分布からも明らかなように，主として比較的新しい時代に大陸からもたらされた遺伝子から成っている。ABO式血液型の遺伝子頻度に地理的な勾配があることは早くから知られていたが，とくにA型遺伝子の頻度が本州の西部から北部に向かって漸減することは，最近のデータによっても確かめられている（Fujita et al., 1978）。これについては，過去2000年間にわたる二つの異質な集団の混血の結果であるという仮説の成否が，集団遺伝学の方法によって検討されている（Aoki & Omoto, 1980；Aoki, 1994）。

日本人の遺伝的多型に関する最近の研究の中で注目を集めているものの一つに，肝臓のアセトアルデヒド脱水素酵素（ALDH）の活性に関する研究がある。日本人の半数近くが不活性型の変異遺伝子（*ALDH 2*2*）をもっているため，アルコールを摂取すると顔が赤くなるなどの不快症状をあらわすことが判明した（Harada, 1991）。この遺伝子はヨーロッパ人やアフリカ人ではきわめて稀であるが，モンゴロイドに比較的多く出現し，日本では近畿・中部地方で頻度が高く，東西に向かうにつれて低くなることも明かになってきている（原田，2000）。

　アイヌの起源の問題に関しては，多型形質の遺伝子頻度の分布からは，形態学上の所見とはやや異なり，基本的に狭義の日本人およびその他のモンゴロイド集団に近縁であることが明らかとなった。尾本恵市らによる遺伝距離の分析からも，旧来のコーカソイド説やオーストラロイド説は支持されなかった（Omoto, 1972）。遺伝的データから判断する限り，アイヌは，日本列島の先住民集団のうちで，大陸からの移住の影響を本州方面ほど強く受けなかった集団の子孫と考えてよさそうである。

　南西諸島住民に関しても遺伝距離の研究が行なわれ，狭義の日本人と中国人との中間の位置を占めることが報告されている（尾本ほか，1976）。一方，血液型のうちの *cdE* と *NS* 遺伝子の頻度が比較的高いが，これらはアイヌにおいて特徴的に高い頻度で出現することが知られており，アイヌとのあいだの何らかの遺伝的つながりが示唆されている（Omoto & Misawa, 1976）。

　海外に関しては，尾本恵市らによるフィリピンのネグリト集団や中国の少数民族の調査がある（尾本，1984；Omoto et al., 1996）。ネグリトは形態的にはアフリカのピグミーとの類似が指摘されてきたが，遺伝的にはアジア・太平洋の集団に近縁であることが明らかとなった。

　さらに最近では，免疫グロブリンの Gm 遺伝子やヒト白血球抗原（HLA）のように，複数の遺伝子のセットによって支配されている多型（ハプロタイプ）が，日本人の起源の問題など，集団間の類縁関係を解明する上でとくに有効であることが注目されている。Gm 遺伝子については松本秀雄による精力的な調

査によってアジア地域を中心に広範囲にわたる分布が明らかにされ，その結果をもとに独自の日本人起源論が展開されている（松本，1987）。またHLAハプロタイプについては徳永勝士らによる研究が現在進められており，日本国内での分布の地域差と周辺諸集団での分布から，日本人の祖先集団には少なくとも三ないし四の集団があり，それぞれが東アジアの北部あるいは南部から異なったルートをへて渡来したというシナリオが描かれている（徳永，1995）。

　もう一つ注目されるのはミトコンドリアDNAの多型に関する研究である。国立遺伝学研究所の宝来聰は制限酵素切断型多型を用いた研究によって，現代日本人が二つのグループに分かれることを明らかにしていたが，のちに世界各地の現代人のDループ領域の塩基配列を決定し，それによって現代人の祖先がアフリカ起源であったことを明らかにした。またPCR法によるDNAの増幅技術を応用して，縄文時代前期人のDループ領域の塩基配列を決定し，それが現代の東南アジア人と一致することを見いだし，縄文人の起源をめぐる論争に重要な一石を投じた（宝来，1995）。古人骨のミトコンドリアDNAの解析はさらに多くの試料について試みられ，現在では縄文時代および弥生時代の多数の人骨について分析が行なわれるようになっている（Oota et al., 1995; Shinoda & Kanai, 1999）。

　近年では集団間の遺伝距離に基づく系統樹の作成に，斎藤成也らの開発した近隣結合法という新しい手法が導入され，多くの成果を挙げている（Saitou & Nei, 1987; Omoto & Saitou, 1997）。

　日本では，このほかに石本剛一らによるニホンザル（*Macaca fuscata*）その他のマカクの遺伝的多型に関する研究（石本，1972-1973; Nozawa et al., 1975）や，長谷川政美によるヒトと類人猿との分岐年代に関する分子人類学的な研究も行なわれている（Hasegawa, 1991）。

6 成長の研究

　日本人の成長に関する研究は，解剖学，小児科学，体育学，心理学など，さまざまな分野で行なわれているが，ここでは，主として人類学分野の研究者による日米混血児の成長に関する研究，成長における世代変化の研究，および骨成熟に関する研究を概観することとする。

(1) 混血児の成長

　太平洋戦争の終結後にアメリカの軍人と日本の婦人とのあいだに生まれた混血児のうち，諸般の事情により養育の困難であった児童は，1948年に沢田美喜夫人によって神奈川県大磯に設立されたエリザベス・サンダース・ホームに収容された。その数は1967年までに722名に達した。東京大学の須田昭義は数名の研究者の協力を得て，1949年からこれらの混血児の縦断的な調査を開始し，毎年2回，春と秋に計測，観察（皮膚色，虹彩色，毛髪色，毛髪形など），写真撮影，手のレントゲン写真撮影，歯の石膏模型採取などを行なった。

　被検者の父に関しての情報が乏しく，また途中で母のもとに引きとられたり，養子にもらわれるなどして退所する児童もあって，10年をこえる長期調査例は100例に満たなかったが，多くは1歳未満で入所し，全員が同じ環境条件のもとで生活していた点が，この資料の重要な特徴と言えよう。

　6歳から15歳まで継続して調査を受けた混血児の計測値を分析した保志宏は，その結果を次のようにまとめている（Hoshi, in Kondo, 1983）。

　混血児の身長と体重は，思春期までは日本人の平均と差を示さないが，思春期を過ぎると日本人とアメリカ白人との中間の値をとるようになる。一方，アメリカ生まれの日本人児童は若いうちは日本の児童よりも大きいが，思春期を過ぎると後者とほぼ同じ身長・体重をもつようになることが知られている。このことから，思春期以前の成長は環境条件の影響を強く受けるが，思春期を境

に遺伝的影響が強くなり，最終的な身体の大きさの決定には環境要因よりは遺伝的要因の方が強く関わると言えそうである。

　身長に対する座高の比や，下肢長に対する胴長の比は，アメリカ生まれの日本人は若いうちはアメリカ白人と差を示さないが，思春期を過ぎると次第に大きくなり，日本生まれの日本人の比に近付くことが知られている。日米混血児の比は，どの年齢でみても，つねにアメリカ人よりも大きく，日本人の方に近い値を示すので，この場合は日本人の遺伝的特徴の力が終始優勢に表れていると言えそうである。それに対して身長に対する肩幅の比では，混血児は例外的に日本人とは大きく異なり，明らかにアメリカの白人および黒人の方に近い。

　顔の計測値や示数では，ほとんどの場合混血児は日本人に近い値を示すが，黒人との混血児の横鼻示数（頬骨弓幅に対する鼻幅の比）だけは，はじめ日本人に近い値を示しながら，年齢とともにしだいに増大し，11〜14歳のあいだにアメリカ黒人の平均に達する。

　全体的にみて，計測値の場合はモンゴロイドの特徴がコーカソイドやニグロイドの特徴に対して優勢であることが多いが，このことは埴原和郎が担当した乳歯の歯冠形態でも認められている。

　混血児の形態が成長とともにしだいに日本人のそれに近付くという現象は，計測値や歯の形態ばかりでなく，毛髪の形と色にも認められたが，眼の内眼角ひだ（蒙古ひだ）は逆に年齢が進むにつれて不明瞭になる傾向を示し，皮膚の色は，黒人との混血児では年齢とともに黒さが増すのに対して，白人との混血児では白さが増す傾向が認められている。

(2) **世代変化**

　最近の約1世紀のあいだに日本人の身長や体重に著しい世代変化が起こったことはよく知られているが，木村邦彦はその背景に思春期前の成長の加速化現象があることを指摘し，文部省の統計をもとに，男子では14歳で約12ヵ月，女子では12歳で約18ヵ月の加速化が過去50年間に起こったと推定した（Kimura，1967）。保志宏と河内まき子は日本人女子の初潮年齢の世代変化を調

査し，1960年代から70年代にかけて10年ごとに4.4ヵ月の割合で早くなっていることを明かにした（Hoshi & Kouchi, 1981）。しかし最近の研究によれば成長の加速化傾向はほぼ停止しているという（Kouchi, 1996）。

アメリカ合衆国に移住した日本人の二世の体形が，本国の日本人に比べて大きく異なることは，戦前の調査によってよく知られていた（Shapiro, 1939）が，近藤四郎と江藤盛治は1971年にロスアンジェルスを訪れて4歳から18歳までの日系アメリカ人の生体計測を行ない，身長，体重，比座高などには同時期の本国日本人とほとんど差がなく，皮下脂肪の分布状態だけが米白人のそれに近いことを見出した（Kondo & Eto, 1975）。

(3) 骨成熟

個体の生物学的な年齢の尺度として，手と手首のX線写真像から骨の成熟度を判定する研究は，アメリカとイギリスで始まり，現在ではTW法が国際的な標準となっている（芦沢・大槻, 1998）。人類学の分野では，芦沢玖美が日本人の骨成熟をロンドン基準と比較し，前者が1年ないし1年半進んでいることを明らかにした（Ashizawa, 1970）のに続いて，木村邦彦は国内各地で調査を行ない，沖縄の子どもは幼年期には東京の子どもより骨成熟が遅れているが，思春期に入ると後者よりも加速することを見出している（Kimura, 1976）。この地域差はその後高井省三らによる奄美大島での調査によっても裏付けられている（Takai et al., 1984）。

一方，1969年から骨成熟の縦断的な調査を開始していた江藤盛治は，芦沢の協力をえて，15年にわたる調査の成果をまとめ，65名の少女の毎年の骨成熟段階のデータを，X線像，身長，体重，胸囲，初経年月日等と共に公開し，成長学分野での貴重なデータベースとなっている（江藤・芦沢, 1992）。この分野では，X線画像処理による骨成熟評価の客観化，簡便化の試みも始まっているという。

なお，成長研究に携わる研究者たちは1993年に人類学会の中にAuxology分科会を設立して活発な活動を行なっている。

7　生理人類学の台頭

(1) 二足歩行とその前段階に関する研究

　ヒト科のすべての成員に共通する生物学的な特徴として第一に挙げられるのは直立二足性である。ヒト特有の二足歩行の起源を解明するためには，鮮新世の初期人類の化石をはじめ，中新世のホミノイドの化石資料を研究することが必要であるが，これらの化石資料の出土しない日本にあっては，それに代わって現生人類および各種霊長類の姿勢や歩行に関する実験生理学的な研究に重点が置かれ，この分野では世界的にみても先駆的と言える研究が数多く発表されている（たとえば Kondo, ed., 1985）。

　二足歩行に関する生理学的な研究は，近藤四郎らが神経生理学者時実利彦の協力を得て，筋電図法をヒトの直立姿勢に際しての筋活動の分析に応用したのが最初であった（近藤，1950；小片，1951）。筋電図の研究はやがて歩行時の下肢筋の活動の時間的変化の解析，足の接地などの運動学的データとの関係分析へと進み，大腿直筋や下腿三頭筋のような二関節性の筋の役割が明らかにされた。

　佐藤方彦は筋電図を筋疲労の研究に応用する分野を開拓し，半直立の姿勢を保持する際の筋疲労度を測定した（Sato, 1966）。岡田守彦はこの方法をさらに改良し，さまざまな姿勢に際して下肢や体幹の筋に加わる負荷の推定に応用した（Okada, 1972）。また，富田守はヒトの歩行時の上肢と下肢の筋活動を分析し，四肢の運動の順序が一般の哺乳類に見られる後方交叉型ではなく，霊長類に共通する前方交叉型であることを見出した（富田，1967）。

　歩行に関する実験的研究は，これとは別に遠藤萬里らによってバイオメカニクスの立場からも進められた。遠藤らは歩行の際に足が床に及ぼす力の動力学的な解析を行なうため，歪計を使った特別な力量計を考案し（Endo et al., 1969），成人の歩行に関するデータを蓄積したほか，幼児の歩行との比較や，

イヌの四足歩行との比較を行なって,それぞれの特徴を明らかにした (Endo & Kimura, 1972;Kimura & Endo, 1972)。近年では高齢者の歩行も研究の対象となっている(Maie et al., 1992)。

1967年に京都大学付属の霊長類研究所が創設されると,ホミニゼーション過程の解明が主要な研究課題の一つに掲げられ,霊長類の歩行における二足歩行への前適応の研究が,それまでのヒト二足歩行に関する基礎的研究の成果をもとに,近藤四郎や石田英実らによって精力的に開始された。かれらは各種の霊長類に二足歩行の訓練を施し,二足姿勢に際しての下肢筋の筋電図を比較し,類人猿とオナガザルにおける大臀筋と大腿二頭筋の役割の違いを明らかにした。これは霊長類の歩行に関する実験的研究としては世界でも先駆けとなる研究であった。この研究には後に岡田守彦,木村賛,山崎信寿らによって,筋電図ばかりでなく,床反力の解析や関節運動のシミュレーション解析の手法も取り入れられ,ヒトの歩行パタンがチンパンジーのそれに類似することが明らかになった (Ishida et al., 1975)。

1974年にはヒトの二足歩行の前駆形態として小型類人猿モデルを提唱していたアメリカの人類学者R. Tuttleとこのグループとの共同研究が実現し,足の機能ではチンパンジーがヒトにもっとも近いが,全体としてはテナガザルの二足歩行がヒトにもっとも類似することが示された (Yamazaki et al., 1979)。

1973年には日本人類学会の中にキネシオロジー分科会が設置され,以来この分野の研究の発表と情報交換の場となっている (Okada, in Kondo, 1983)。

(2) 骨のバイオメカニクス

ヒトの顔面骨格の構造をバイオメカニクスの立場から解析することを最初に試みたのは遠藤萬里である。かれは咀嚼の際にヒトおよびゴリラの頭骨に生ずる応力の分布を歪ゲージによって測定し,顔面骨格の構造にも,最小材料と最小エネルギーで最大効果を得るというルーの法則が当てはまること,ゴリラや化石人類にみられる傾斜した前頭鱗と盛り上がった眼窩上隆起は曲げモメントに対して抵抗する構造であることなどを明らかにした (Endo, 1965, 1973)。

続いて木村賛は，同様の方法を使って現代人下肢骨の応力分布を調べ，脛骨の骨幹の湾曲や扁平性のもっている力学的な意味を考察した。この研究はその後アムッド洞窟出土のネアンデルタール人や縄文時代人の下肢骨の研究にも応用され，大腿骨骨幹後面の付柱構造や扁平脛骨や巨大腓骨などが曲げの力に対する強い抵抗性と関連していることが明らかにされている（Edo & Kimura, 1970；Kimura & Takahashi, 1982）。また実験動物を使って運動負荷が実際に四肢骨の形態に及ぼす影響を調べる研究も進んでいる（松村，1991）。

(3) 環境適応能の研究

近藤四郎が1963年に皮下脂肪の成長と分布の研究を人類学雑誌に発表して以来，人類学でも日本人の身体組成に関する研究が活発となり，性，年齢による差異をはじめ，栄養，気候，都市化などとの関係が取り上げられた（Sawada, 1964；高崎ほか，1979）。この研究はやがて体育学などの分野で行なわれてきた日本人の体力（physical fitness）の研究と結び付き，性，年齢，職業，地域，環境，時代などによる生理的機能の差の研究へと発展し，さらにそれらの差異の生じるメカニズムや要因の分析へと関心が移っていった（たとえば Sato et al., 1975, など）。

また1960年代後半には，高地に適応した南米アンデス住民の循環機能や呼吸機能に関する近藤と原子令三の研究（Harako & Kondo, 1968）を契機として，環境への生理的適応能の研究も開始された。ヒトの成長に対する騒音環境の影響を調査した高橋・許（1968）の研究も見逃すことができない。前者はその後佐藤方彦らによって受け継がれ，さまざまな気圧が人体の活動に及ぼす影響が調査されている（Sato & Sakate, 1974 など）ほか，温度環境への適応能についても，上下の臨界温度，皮膚温変化に対するエネルギー代謝の変化の比，発汗量，心拍数，体熱産生，体温などを用いた広範な研究が行なわれ，日本人の特徴が明らかにされてきている（文献については Sato, in Kondo, 1983 参照）。

この分野は1984年以来人類学会の中の生理分科会として活動を続けていた

が，1987年に生理人類学会として独立し，人間生活の質の向上を目指して，生活環境，労働環境の改善などの応用分野の学際的な研究に力を注ぎながら，独自の発展を続けている（菊地・関，1987；佐藤，1997 参照）。

8　霊長類研究の発展

(1)　ニホンザル社会の研究

　京都大学の今西錦司らが，動物社会から人間社会への進化の道筋を解明することを目的に掲げて，ニホンザルの野外研究を九州で始めたのは1948年のことであった（今西，1949）。研究開始当初は野性のサルの追跡が困難をきわめたが，1952年に宮崎県の幸島と大分県の高崎山のサル群で，伊谷純一郎や徳田喜三郎らによる餌づけが成功して以来，サル社会の研究が急速に進展するようになった。このあと，各地のサル群について餌づけが行なわれ，最近ではサルの個体数の急増と作物への害を招いたとして，批判されることもあるが，ニホンザルの社会学的な研究の発展にとって，餌づけの果たした役割は高く評価しなければならない。

　今西らのニホンザル研究の特徴の一つは餌づけに成功したサルについて，個体識別を行なった上で長期連続観察を続けたことである。これによって，各個体のライフヒストリーが追跡され，血縁関係のネットワークの中での個体の位置づけや，社会構造の通時的な変化の研究が可能となった。約200個体からなる高崎山群と，20頭前後の幸島群の，それぞれの社会構造に関する初期の研究成果は，伊谷（1954），伊谷・徳田（1958）がまとめており，ほぼこの時点で，研究の内容は海外にも紹介されて注目を集めた（Frisch, 1959；Imanishi, 1960）。

　研究活動は全国各地にひろがり，研究内容も，しだいに細分化し，順位制，母系制，グルーミング行動，群れの分裂，音声コミュニケーション，血縁関係などの分析が進められた。それと並行して，研究体制の整備も進み，1956年

には愛知県犬山市に日本モンキーセンターが設立されて，翌年から霊長類学の国際的な専門誌 "Primates" の刊行も始まった。

1960年代の半ば以後になると，個体識別されたサルに関する長期観察が実を結びはじめた。その一つは，離れザルの状態が雄ザルの生活史の一フェイスであり，ニホンザルの群れは母系の雌ザルのグループによって継承されていることが明らかになったことである（伊谷，1972）。また各地の群れに関して群れの分裂が観察され，それぞれの人口学的な分析が行なわれた。

1970年代後半以後は若い世代の研究者の活躍が目立ち，性行動，個体間の距離，音声サイン，血縁関係にある個体間の交尾回避，母性行動，個体数の変動などをめぐる研究が展開された（Itani, in Kondo, 1983 参照）。

1975年までに発表された論文のほとんどは Baldwin et al. (1980) によって目録にまとめられている。

(2) ニホンザルの生態学

ニホンザル社会の研究が始まったのは1948年であるが，初期の自然史的な研究から発展して，生態学的な方法に基づく量的な分析研究が本格的に行なわれるようになったのは1970年代以後のことである。

南は屋久島（北緯30度20分）から北は下北半島（41度30分）まで，広い範囲にわたる多様な自然環境下に分布するニホンザルは，適応に関する生態学的研究の対象としてきわめて貴重な存在である。現在は森林の縮小にともなってその分布が分断され，生息地は山地に限られるようになっているが，それでも下北半島，房総丘陵，白山，志賀高原，屋久島などにはそれぞれ複数の群れが集中して生息している。1923年に長谷部言人が行なったニホンザルの分布に関する全国規模の調査の結果は，半世紀間未発表のまま埋もれていたが，1974年になって岩野泰三が初めてこれを整理して発表した。それによれば，生息地は914箇所で，北海道，沖縄，および長崎県を除く全都府県にわたっていた。1970年代におけるニホンザルの分布と保護の問題は，雑誌『にほんざる』の特集号にまとめられている（岩野，1977，1978）。

日本の霊長類学の挙げた数々の成果の中で，国際的にもっともよく知られているものの一つが，ニホンザルにおける文化的な行動の発見である。従来ヒトに特有とされてきた「文化」を，ヒト以外の動物にも認める立場を最初に表明したのは今西錦司（1952）であるが，河合雅雄はこの立場を発展させ，同一社会に属するメンバーの間で，獲得され，共有され，社会的に継承され，固定された行動上の特徴となったような生活様式を文化と定義し（Kawai, 1965），さらに文化的行動を，生態学的レヴェル，社会的行動，価値態度システム，道具行動という四つのカテゴリーに分類している。

　文化的な行動が最初に認められたのは，食物のレパートリーの違いであった。群れによって，ユリの根やカキやクリの実をよく食べる群れと食べない群れがあり，それぞれの群れが独自の食習慣を世代を越えて伝えていることが明かになったからである。餌づけに対する態度にも群れ間でかなりの差が認められた。食習慣ばかりでなく，群れのなわばりや，遊動範囲，寝場所，休息場所，移動経路なども文化的に決まっている。

　新しい文化的行動の伝播の例としてもっとも有名なのは幸島の群れで観察されたイモ洗いとムギ粒洗いの行動である。川村俊蔵が1954年に報告したイモ洗い行動は，文化的行動の最初の報告となった。1953年に一歳半のメスザルが始めた行動が，徐々にほかの個体に伝播し，やがて群れ全員の伝統となったものである。ニホンザルの文化に関する研究に関しては河合(1964)，伊谷・西邨（1977）などがまとめている。

　このほか，ニホンザルの生態に関しては，一日の活動リズムの密着調査，その季節的変化の分析，食物摂取量とその季節変化，食餌の内容，移動距離，環境条件と遊動域の関係，森林開発や狩猟圧の影響，ポピュレーションの動態，自然群と餌づけ群の比較，出生・死亡・転入・転出の分析，とくにオスの転出の問題，群れの分裂などについても調査研究が進められている（Kawai, in Kondo, 1983）。

(3) 海外における野外調査

　日本の霊長類研究グループによる海外調査は，川村俊蔵によるタイでのギボン調査（1957～1958年），河合雅雄らによるウガンダ・コンゴでのゴリラ調査（1959年），伊谷純一郎によるウガンダ・タンザニアでのチンパンジー調査（1960年），徳田喜三郎による南米コロンビアでの新世界ザルの調査（1962年）などを皮切りに開始され，ニホンザル研究で培った長期連続観察の方法を応用して，国際的に評価の高い成果を続々と挙げている（たとえば Nishida, 1990）。なかでもチンパンジーにおける肉食行動や道具作りや父系の社会構造などの発見がよく知られている。

　東南アジアではその後フィールドがマレーシア，インドネシア，インドへと拡大し，アフリカではエチオピアのヒヒやカメルーンのドリル・マンドリル，ギニアのチンパンジー，コンゴのピグミーチンパンジーにも調査の手が広がっていった。

　野外での生態観察に加えて，1977年からは瀬戸口烈司らによる南米各地での霊長類化石の研究，続いて東アフリカでも石田英実らによるケニアの第三紀ホミノイド化石の調査が始まり，本稿第1節でも述べたような成果が挙げられている。

　1981年までの日本人研究者による海外調査とその成果は池田次郎がまとめている（Ikeda, in Kondo, 1983）。

(4) 形態学的，細胞学的研究

　1950年代に京都大学の霊長類研究グループによるニホンザルの社会と生態の研究が開始されたのを受けて，1960年代からは池田次郎や岩本光雄らによる形態学研究も，主として餌づけされた群れを中心に始められた。初期の成果は日本モンキーセンター発行の学術誌 "Primates" に，"Morphological studies of *Macaca fuscata*" と題する一連の論文として発表されており，その内容は生体計測，手足の皮膚隆線紋様，歯，骨端軟骨の骨化，頭蓋計測などに及んだ。これらの研究はその後も対象群を増やして続けられ，四肢の奇形に関

する研究や縦断的な成長の研究も加えられた（Iwamoto, in Kondo, 1983）。最近の研究は人類学会機関誌の特集号にまとめられている（Iwamoto, 1994）。

ニホンザルと他のマカクとの系統関係は，日本列島へのヒトの移住の問題とも関連して，興味ある課題であり，化石サルの研究も行なわれているが，現在のところ，まだ資料が不充分である（Iwamoto, in Kondo, 1983）。

組織学的な研究としては，猪口清一郎らによる，骨格筋の筋繊維に関する一連の研究が挙げられる。主としてカニクイザルとアカゲザルを用いた筋繊維の数と大きさに関する研究で，各種の筋の相対的な発達度についてヒトとの比較が行なわれている（Inokuchi, in Kondo, 1983）。

かつては霊長類のそれぞれの種に固有な染色体構成（核型）の比較が系統関係の研究に大きく貢献したが，近年では標識DNAプローブを用いた蛍光 in situ hybridization（FISH）法の開発によって，ヒトと他の霊長類の相同遺伝子の座位を対応させて，各染色体の進化上に生じた構造変化を明らかにするという研究が日本でも進められている（平井，1996）。

初期の霊長類研究の成果は，主として人類学会の場で発表されてきたが，研究者の増加にともない1985年には日本霊長類学会が設立され，機関誌「霊長類研究」も発行されて名実共に独立した学会活動を行なうに至っている。日本でとくに進展の著しい霊長類の社会生態学の最近の動向を俯瞰したものとして西田・上原編（1999）の概説書がある。また霊長類研究の成果を踏まえてヒトの進化と本性を考察する試みも少なくない（たとえば，江原編，1989；西田，1999など）。

9　生態人類学と人口学

近年活発化している日本の生態人類学の草分けは，1950年代に行なわれた渡辺仁によるアイヌの研究である（Watanabe, 1964, 1973）。渡辺は狩猟採集時代のアイヌにおけるヒトと環境の相互関係と集団構造に関心を向け，ヒトの

活動系における時間・空間構造を生態人類学のキー概念として強調した。ヒトの活動の時間・空間構造は，形態学における骨格計測や，文化人類学における社会構造と同じように，ヒトの適応と進化を反映する変量だという考え方である。

やがてこの分野に，霊長類の野外調査で培われた観察法や自然史科学の枠組みが取り入れられ，民族生物学的な生態学が生まれるとともに，霊長類との比較を通じての進化学的な考察も加えられた。

食料の獲得や生産の活動を中心とする毎日の活動を，直接観察の方法で時空的構造として具体的に把握するという特徴をもった研究が1960年代の後半から始まった。田中二郎によるカラハリ砂漠のサンの狩猟採集活動に関する生態学的研究（田中, 1971；Tanaka, 1979），大塚柳太郎による日本の漁村での漁師の時空利用に関する密着研究（Ohtsuka, 1970）などがその例である。これらの研究はやがて多くの研究者によって，次第に他の狩猟採集集団を始め，牧畜集団や農耕集団にも広がっていった。国内では手釣り漁師やマタギ集団のほか，各地のさまざまな伝統的漁法をもつ漁業集団が対象となり，海外では，アフリカのコンゴの狩猟採集民ピグミー，ケニヤの牧畜民トゥルカナ，レンディーレ，タンザニアの農耕民トングウェなどをはじめ，パプアニューギニアのギドラ，マレー半島のオラン・アスリ，メラネシア，ミクロネシア，ポリネシアの島嶼住民，カナダのチペウェイなどの調査が行なわれた。

1970年代半ばからは，ヒトと環境との関係を研究する上でとくに重要な移住の問題も取り上げられ，鈴木継美らによるボリビアの日本人移民の生態学的調査も行なわれた。

またさまざまな生業形態をもった集団の調査を通じて，ヒトによって利用される植物や動物に関する民族生物学的研究も各地で進んでいる。

この分野の業績をまとめた出版物としては，大塚・田中・西田（1974），渡辺（1977），伊谷・原子（1977），Ohtsuka（in Kondo, 1983）などの編著書があり，最近では鈴木ほか（1990），秋道ほか（1995）などの概説書も刊行されている。

生態人類学の研究者は1973年から毎年1回研究会を開催し，主として長期の野外調査を終えて帰ってきた若手研究者の報告を中心に，活発な討論を続けてきたが，24年目に当る1996年に90名の会員で生態人類学会を結成し，学術大会を毎年開催するほか，ニュースレターを発行するようになっている。学会設立記念の公開シンポジウムのプログラムには，南アジアのブータン・ネパール，太平洋のサタワル・ヤップ島，アフリカのコンゴ盆地，アラビアのナツメヤシ・オアシスなどの事例報告が並んでおり，この分野の最近の発展ぶりがうかがえる。

人類学の立場からの人口研究としては，まず須田昭義 (1952) による日本の人口密度の歴史的な変遷に関する研究が挙げられる。これは10世紀と19世紀と20世紀の人口密度の分布を比較したものであるが，古墳時代以前の人口については小山修三による考古学的な方法に基づく推定がある (Koyama, 1978)。埴原和郎は，小山の推定した縄文時代末の人口と古墳時代の人口との差を説明するには，弥生時代から古墳時代にかけて相当数の渡来人口を想定しなければならないと考え，コンピューターシミュレーションの方法を使って分析を行なった結果，約1000年間に100万人規模の渡来があった可能性が高いと報告している (Hanihara, 1987)。しかし，これには反論もあり，渡来系農耕民の初期段階での高い人口増加率を考えれば，それほど大量の渡来者数を想定する必要はないという研究も発表されている（中橋・飯塚，1998）。

各時代の日本人の平均寿命の変遷については小林和正の古人口学的な研究がよく知られている (Kobayashi, 1967)。それによれば，縄文時代人の15歳時での平均余命は男女とも約16年であり，50歳を越えた者は男性で3パーセント，女性でも7パーセントに過ぎなかったが，江戸時代になると15歳時平均余命が26年ないし29年に延びたという。因みに1930年代の日本人の平均寿命は男46.9歳，女49.6歳，1981年のそれはそれぞれ73.8歳と79.1歳である (Kobayashi, in Kondo, 1983)。

最近ではフィールド調査に基づく生態人類学の立場からの人口構造や人口動態の解析的研究も行なわれている (Ohtsuka & Suzuki, 1990)。

後記　本稿は平成 11 年に入って渡辺直経，江藤盛治両氏が相次いで逝去されたあとを受け，十分な準備もないままに急遽両氏に代わって執筆したものである。1980 年前後までの日本の人類学の状況に関しては，幸いにして日本学術会議刊行の日本自然科学集報第 8 巻『人類学』(Kondo, 1983) にまとめられた各分野の執筆者による総説類を参照することができたが，それ以後の展開については網羅的な参考資料がないため，短期間のうちに全分野を概括することはとうてい不可能であった。そのため，筆者の専門分野からの遠近に応じて，取り扱いがはなはだしく均衡を欠いていることをお断りしなければならない。将来何人かによってこれが是正されることをせつに願う次第である。(平成 12 年 2 月 29 日　山口　敏)

おもな参考文献

(*JASN* は人類学雑誌の英名(*Journal of Anthropological Society of Nippon*)の略，*AS* は同誌の後継英文誌 *Anthropological Science* の略，*AS* (*Jpn*) は同誌和文号の略である。)

Akazawa, T., et al. (1995) Neanderthal infant burial from the Dederiyeh Cave in Syria. *Paleorient*, 21 : 77-86.

秋道智彌・市川光雄・大塚柳太郎 (1995)『生態人類学を学ぶ人のために』 世界思想社, 京都.

Aoki, K. & K. Omoto (1980) An analysis of the ABO gene frequency cline in Japan - A migration model. *JASN*, 88 : 109-122.

Aoki, K. (1994) Maximum likelihood fit of a gradual admixture model to clines of gene frequencies in the main islands of Japan. *AS*, 102 : 285-294.

Asaka, A. & T. Nakama (1975) Pattern intensity of fingers in twins. *Jpn. J. Hum. Genet.*, 20 : 153-162.

Asfaw, B., et al. (1999) *Australopithecus garhi* : a new species of early hominid from Ethiopia. *Science*, 284 : 629-635.

Ashizawa, K. (1970) Maturation osseuse des enfants japonais de 6 à 18 ans, estimée par la methode de Tanner-Whitehouse. *Bull. Mém. Soc. Anthrop. Paris*, 6 (ser. XII) : 265-280.

Ashizawa, K. & K. Tsurumaki (1979) Application of moiré-photogrammetry to the human hips. *Bull. Mém. Soc. Anthrop. Paris*, 6 (ser. VIII) : 373-384.

芦沢玖美・大槻文夫 (1998)「骨成熟と骨年齢の評価」 *AS*(*Jpn*), 106 : 1-17.
Aziz, F, H. Baba, & N. Watanabe (1996) Morphological study on the Javanese *Homo erectus* Sangiran 17 skull based on the new reconstruction. *Geol. Res. Devel. Centre, Paleontology Series,* 8 : 1-25.
Baba, H., F. Aziz, & S. Narasaki (1998) Restoration of head and face in Javanese *Homo erectus* Sangiran 17. *Bull. Nat. Sci. Mus.* Ser. D, 24 : 1-8.
Baldwin, L. A., et al. (1980) Field research on Japanese monkeys : A historical, geographical, and bibliographical listing. *Primates,* 21 : 268-301.
Dodo, Y. (1986) Metrical and non-metrical analyses of Jomon crania from eastern Japan. *Bull. Univ. Mus. Univ. Tokyo,* 27 : 137-161.
Dodo, Y. & H. Ishida (1992) Consistency of nonmetric cranial trait expression during the last 2,000 years in the habitants of the central islands of Japan. *JASN,* 100 : 417-432.
百々幸雄 (1995)「骨からみた日本列島の人類史」 百々幸雄編『モンゴロイドの地球 3 日本人のなりたち』 129-171. 東京大学出版会, 東京.
Dodo, Y., et al. (1998) Anatomy of the Neandertal infant skeleton from Dederiyeh cave, Syria. In : T. Akazawa, et al.(eds.), *Neandertals and Modern Humans in Western Asia.* 323-338. Plenum Press, New York and London.
江原昭善編 (1989)『サルはどこまで人間か』 小学館, 東京.
Endo, B. (1965) Distribution of stress and strain produced in the human facial skeleton by masticatory force. *JASN,* 73 : 123-136.
Endo, B., et al. (1969) Principal pattern of the dynamic change in the force of human foot during walking. *JASN,* 77 : 1-14.
Endo, B. & T. Kimura (1970) Postcranial skeleton of the Amud Man. In : H. Suzuki & F. Takai (eds.), *The Amud Man and His Cave Site.* 231-406. The Univ. of Tokyo, Tokyo.
Endo, B. & T. Kimura (1972) External force of foot in infant walking. *J. Fac. Sci. Univ. Tokyo,* Sec. V, 4 : 103-117.
Endo, B. (1973) Stress analysis on the facial skeleton of gorilla by means of wire strain gauge method. *Primates,* 14 : 37-45.
Endo, B. & H. Baba (1982) Morphological investigation of innominate bones from Pleistocene in Japan with special reference to the Akashi Man. *JASN,* 90(Suppl.) : 27-53.
江藤盛治・芦沢玖美 (1992)『東京の女子の身体成長と骨成熟の縦断的観察 手のX線図譜とTW2法による評価』 てらぺいあ, 東京.
Frisch, J. (1959) Research on primate behavior in Japan. *Am. Anthrop.,* 61 : 584-596.

藤井明 (1960)「四肢長骨の長さと身長との関係に就いて」 順天堂大学体育学部紀要 3 : 49-61.

Fujita, T, T. Tanimura, & K. Tanaka (1978) The distribution of ABO blood groups in Japan. *Jpn. J. Hum. Genet.*, 23 : 63-109.

Furuhata, T. & T. Masahashi (1949) The Ainos viewed from the finger-prints. *Proc. Jap. Acad.* 25 : 219-225.

韓康信・松下孝幸 (1997)「山東臨淄周-漢代人骨体質特徴研究及与西日本弥生時代人骨比較概報」 考古 1997 : 320-330.

埴原和郎 (1952)「日本人男性恥骨の年齢的変化」 人類学雑誌 62 : 245-260.

埴原和郎 (1959)「判別函数による日本人頭骨ならびに肩甲骨の性別判定法」 人類学雑誌 67 : 191-197.

Hanihara, K. (1966) Mongoloid dental complex in the deciduous dentition. *JASN*, 74 : 61-72.

Hanihara, K. (1970) Mongoloid dental complex in the deciduous dentition, with special reference to the dentition of the Ainu. *JASN*, 78 : 3-17.

埴原和郎 (1976)「歯冠形質よりみた沖縄のヒト」 九学会連合沖縄調査委員会編『沖縄-自然・文化・社会』 112-117, 弘文堂,東京.

埴原和郎 (1978)「日本人の歯」『人類学講座 6 日本人 II』 175-216.雄山閣出版, 東京.

Hanihara, K. (1985) Geographic variation of modern Japanese crania and its relationship to the origin of Japanese. *Homo*, 36 : 1-10.

Hanihara, K. (1987) Estimation of the number of early migrants to Japan : a simulative study. *JASN*, 95 : 391-403.

Hanihara, T. (1990) Dental anthropological evidence of affinities among the Oceania and pan-Pacific populations : the basic populations in East Asia, II. *JASN*, 98 : 233-246.

Harada, S. (1991) Genetic polymorphism of alcohol metabolyzing enzymes and its implication to human ecology. *JASN*, 99 : 123-139.

原田勝二 (2000)「遺伝因子と環境因子との相互作用-GSTM 1, ALDH 2 および CCK 遺伝的多型を例にして-」 *AS(Jpn)*, 107 : 129-143.

Harako, R. & S. Kondo (1968) An anthropological study of high altitude adaptation in the Peruvian Indians. *Proc. 8th Int. Congr. Anthrop. Ethnol. Sci.*, 1 : 70-72.

長谷部言人 (1948)「明石市附近西八木最新世前期堆積出土人類腰骨 (石膏型)の原始性に就いて」 人類学雑誌 60 : 32-36.

Hasegawa, M. (1991) Molecular phylogeny and man's place in hominoidea. *JASN*, 99 : 49-61.

Hattori, K. (1991) Body composition and lean body mass index for Japanese college students. *JASN,* 99 : 141-148.

平井百樹 (1996)「人類の染色体進化研究の現状」 *AS(Jpn)*,104 : 355-364.

平本嘉助 (1972)「縄文時代から現代に至る関東地方人身長の時代的変化」 人類学雑誌 80 : 221-236.

Hirata, K. (1990) Secular trend and age distribution of cribra orbitalia in Japanese. *Hum. Evol.,* 5 : 375-385.

宝来聡 (1995)「ミトコンドリアDNAからみた日本人のなりたち」 百々幸雄編『モンゴロイドの地球 3 日本人のなりたち』 211-232.東京大学出版会, 東京.

保志宏・河内まき子 (1978)「日本人成人男子112名の54項目生体計測値とそれらの示数ならびに相関係数」 解剖学雑誌 53 : 238-247.

保志宏・河内まき子 (1980)「日本人成人女子126名の54項目生体計測値とそれらの示数ならびに相関係数」 解剖学雑誌 55 : 525-534.

Hoshi, H. & M. Kouchi (1981) Secular trend of age at menarche of Japanese girls with special regard to the secular acceleration of the age at peak height velosity. *Hum. Biol.,* 53 : 593-598.

池田次郎・多賀谷昭 (1980)「生体計測値からみた日本列島の地域性」 人類学雑誌 88 : 397-409.

池田次郎 (1993)「古墳人」『古墳時代の研究 I』 27-95. 雄山閣, 東京.

今西錦司 (1949)『生物社会の論理』 毎日新聞社, 東京.

今西錦司 (1952)「人間性の進化」 今西編『人間』 36-94 毎日新聞社, 東京.

Imanishi, K. (1960) Social organization of sub-human primates in their natural habitat. *Curr. Anthrop.,* 1 : 399-407.

井上直彦・伊藤学而・亀谷哲也 (1986)『咬合の小進化と歯科疾患』 医歯薬出版, 東京.

Ishida, Hajime (1996) Metric and nonmetric cranial variation of the prehistoric Okhotsk people. *AS,* 104 : 233-258.

Ishida, Hidemi, T. Kimura, & M. Okada (1975) Patterns of bipedal walking in anthropoid primates. *Proc. Symp. 5th Congr. IPS,* 287-300. Japan Science Press, Tokyo.

Ishida, Hidemi, et al. (1984) Fossil anthropoids from Nachola and Samburu Hills, Samburu District, Kenya. *African Study Monographs Supplementary Issue (Kyoto Univ),* 2 : 73-84.

石本剛一 (1972-1973)「マカク属サルの血液蛋白変異に関する研究 1〜3」人類学雑誌 80 : 250-274,337-350, 81 : 1-13.

伊谷純一郎 (1954)『高崎山のサル (日本動物記2)』 光文社, 東京.

伊谷純一郎・徳田喜三郎 (1958)『幸島のサル (日本動物記3)』 光文社, 東京.

伊谷純一郎 (1972)『霊長類の社会構造』 共立出版, 東京.

伊谷純一郎・原子令三編（1977）『人類の自然史』 雄山閣, 東京.
伊谷純一郎・西邨顕達（1977）「日本におけるインフラヒューマン・カルチュアの研究」 加藤泰安・ほか編『形質・進化・霊長類』 387-413. 中央公論社, 東京.
Iwamoto, M. (1964, 1967) Morphological studies of *Macaca fuscata*, I, V. *Primates,* 5：53-73；8：155-180.
Iwamoto, M. (ed.) (1994) Morphology of the Japanese macaque. *AS,* 102 (Suppl.)：1-205.
岩野泰三（1974）「ニホンザルの分布」 にほんざる, 1：5-62.
岩野泰三編（1977,1978）「ニホンザルの現状と保護」 にほんざる, 3：1-120, 4：1-136.
Kaifu, Y. (1999) Changes in the pattern of tooth wear from prehistoric to recent periods in Japan. *Am. J. Phys. Anthrop.,* 109：485-499.
Kanazawa, E., et al. (1992) The frequencies of accessory tubercles and other traits in the upper deciduous second molar. *JASN,* 100：303-310.
金関丈夫（1966）「弥生時代人」『日本の考古学 3 弥生時代』460-471. 河出書房, 東京.
欠田早苗（1988）「インド・東南アジア諸族の生体学的特性について」 永井昌文教授退官記念論文集刊行会編『日本民族・文化の生成 I』 77-93. 六興出版, 東京.
片山一道（1988）「ポリネシアの人類誌」 永井昌文教授退官記念論文集刊行会編『日本民族・文化の生成 I』 95-113. 六興出版, 東京.
Katayama, K. (1990) A scenario on prehistoric Mongoloid dispersals into the south Pacific, with special reference to hypothetic proto-Oceanic connection. *Man and Culture in Oceania,* 6：151-159.
加藤征ほか（1986）『港区三田済海寺 長岡藩主牧野家墓所発掘調査報告書』 東京都港区教育委員会, 東京.
河合雅雄（1964）『日本ザルの生態』 河出書房, 東京.
Kawai, M. (1965) Newly-acquired precultural behavior of the natural troop of Japanese monkeys on Koshima Island. *Primates,* 6：1-30.
川村俊蔵（1954）「ニホンザルの食餌行動にあらわれた新しい行動型」 生物進化 2：11-13.
菊池安行・関邦博編（1987）『現代生活の生理人類学』 垣内出版,東京.
金鎮晶・小片丘彦ほか（1993）「金海禮安里古墳群出土人骨（II）」 釜山大学校博物館遺蹟調査報告 15：281-334.
Kimura, K. (1962) The Ainus, viewed from their finger and palm prints. *Z. Morph.Anthrop.,* 52：176-198.
Kimura, K. (1967) A consideration of the secular trend in Japanese for height

and weight by a graphic method. *Am. J. Phys. Anthrop.*, 27 : 89-94.
Kimura, K. (1974) An application of the method of biological distance to the dermatoglyphic data of Ainu-Japanese and Japanese-American White hybrids. *JASN,* 82 : 69-74.
Kimura, K. (1976) Skeletal maturation of children in Okinawa. *Ann.Hum. Biol.*, 3 : 149-155.
Kimura, T. & B. Endo (1972) Comparison of force of foot between quadrupedal walking of dog and bipedal walking of man. *J. Fac. Sci. Univ. Tokyo,* Sec. V, 4 : 119-130.
Kimura, T. & H. Takahashi (1982) Mechanical properties of cross section of lower limb bones in Jomon man. *JASN,* 90(Suppl.) : 105-118.
清野謙次 (1949)『古代人骨の研究に基づく日本人種論』 岩波書店, 東京.
Kobayashi, K. (1967) Trend in the length of life based on human skeletons from prehistoric to modern times in Japan. *J. Fac. Sci. Univ. Tokyo,* Sec. V, 3 : 107-162.
児玉作左衛門 (1948)『モヨロ貝塚』 北海道原始文化研究会, 札幌.
小浜基次 (1960)「生体計測学的にみた日本人の構成と起源に関する考察」 人類学研究, 7 : 56-65.
Kohara, Y. (1975) Facial expressions. In : S. Watanabe, et al. (eds.), *Anthropological and Genetic Studies on the Japanese (JIBP Synthesis, 2)*. 328-333. Univ. of Tokyo Press, Tokyo.
Koike, K. (Hrsg.) (1960) *Studien über die Fingerleistenmuster der Japaner.* 日本学術振興会, 東京.
近藤四郎 (1950)「筋活動電流の人類学への応用」 人類学雑誌, 61 : 131-140.
近藤四郎 (1963)「皮下脂肪の生長及びその分布型に関する小考」 人類学雑誌, 70 : 175-188.
Kondo, S. & M. Eto (1975) Physical growth studies on Japanese-American children in comparison with native Japanese. In : S. M. Horvath, et al. (eds.), *Comparative Studies on Human Adaptability of Japanese, Caucasians and Japanese-Americans (JIBP Synthesis 1)*. 13-45. Univ. Tokyo Press, Tokyo.
Kondo, S.(ed.) (1983) *Recent Progress of Natural Sciences in Japan, Vol. 8 Anthropology.* Science Council of Japan, Tokyo.
Kondo, S.(ed.) (1985) *Primate Morphophysiology, Locomotor Analyses and Human Bipedalism.* Univ. Tokyo Press, Tokyo.
Kouchi, M. (1983) Geographic variation in modern Japanese somatometric data and its interpretation. *Bull. Univ. Mus. Univ. Tokyo,* 22 : 1-102.
Kouchi, M. (1986) Geographic variations in modern Japanese somatometric

data : a secular change hypothesis. *Bull. Univ. Mus. Univ. Tokyo,* 27 : 93-106.

河内まき子ほか(1994)『設計のための人体寸法データ集』 生命工学工業技術研究所研究報告 2(1) : 1-188.

Kouchi, M. (1996) Secular change and socioeconomic difference in height in Japan. *AS,* 104 : 325-340.

Koyama, S. (1978) Jomon subsistence and population. *Senri Ethnological Studies,* 2 : 1-65.

九州大学医学部解剖学第二講座編(1988)『日本民族・文化の生成 2 九州大学医学部解剖学第二講座所蔵古人骨資料集成』 六興出版, 東京.

Maie, K., et al. (1992) The characteristics of fast speed walking in old men from the viewpoint of the ground reaction forces. *JASN,* 100 : 499-509.

松本秀雄(1987)「免疫グロブリンの遺伝標識Gm遺伝子に基づいた蒙古系民族の特徴－日本民族の起源について」 人類学雑誌 95 : 291-304.

Matsumura, A. (1925) On the cephalic index and stature of the Japanese and their local difference. *J. Fac. Sci. Univ. Tokyo,* Sec. V, 1 : 1-312.

松村秋芳(1991)「バイペダル・ラットと下肢骨の形態」 人類学雑誌 99 : 297-318.

Matsumura, H. (1994) A microevolutional history of the Japanese people from a dental characteristics perspective. *AS,* 102 : 93-118.

Matsumura, H. (1998) Native or migrant lineage？－ the Aeneolithic Yayoi people in western and eastern Japan. *AS,* 106(Suppl.) : 17-25.

松永英(1959)「耳垢型の多型現象とその人類学的意義」 人類学雑誌 67 : 171-184.

Matsu'ura, S. (1999) A chronological review of Pleistocene human remains from the Japanese Archipelago. In : K. Omoto(ed.), *Interdisciplinary Perspectives on the Origins of the Japanese.* 181-197. Internat. Res. Center for Japanese Studies, Kyoto.

Miki, T. & H. Hasekura (1961) On the palm-pattern of the Lepchas and the Khasis. *JASN,* 69 : 67-69.

三橋公平(1972)「日本人の指紋」 日本交通医学会誌 26 : 90-92.

三橋公平ほか(1987)『高砂貝塚』 札幌医科大学解剖学第二講座, 札幌.

Mitsuhashi, K., et al. (1987) Finger prints in Japanese females. *JASN,* 95 : 121-135.

三宅宗悦(1940)「日本人の生体計測学」『人類学・先史学講座 19』 1-69. 雄山閣, 東京.

Mizoguchi, Y. (1978) Shovelling : a statistical analysis of its morphology. *Bull. Univ. Mus. Univ. Tokyo,* 26.

森本岩太郎 (1981)「日本古人骨の形態学的変異-扁平脛骨と蹲踞面-」『人類学講座 5 日本人 I 』 157-188. 雄山閣出版, 東京.
Morita, S. & F. Ohtsuki (1973) Secular change of the main head dimensions in Japanese. *Hum. Biol.*, 45 : 151-165.
内藤芳篤 (1971)「西北九州出土の弥生時代人骨」 人類学雑誌 79 : 236-248.
Nakahashi, T. & M. Nagai (1986) Sex assessment of fragmentary skeletal remains. *JASN*, 94 : 289-305.
中橋孝博・飯塚勝 (1998)「北部九州の縄文～弥生移行期に関する人類学的考察」 人類学雑誌 106 : 31-53.
Nakajima, H. (1961) On the distribution of the MNSs, Kell, Duffy, Kidd and Rh groups among Japanese. *Jpn. J. Legal Med.*, 15 : 319-325.
Nakatsukasa, M., et al. (1998) A newly discovered *Kenyapithecus* skeleton and its implications for the evolution of positional behavior in Miocene East African hominoids. *J. Hum. Evol.*, 34 : 657-664.
日本人類学会編 (1984)『人類学-その多様な発展』 日経サイエンス社, 東京.
西成甫 (1952)「日本人標準体格調査報告」 解剖学雑誌 27 : 53-63.
Nishida, T. (ed.) (1990) *The Chimpanzees of the Mahale Mountains*. Univ. of Tokyo Press, Tokyo.
西田利貞 (1999)『人間性はどこから来たか』 京都大学学術出版会, 京都.
西田利貞・上原重男編 (1999)『霊長類学を学ぶ人のために』 世界思想社, 京都.
Nozawa, K. et al. (1975) Genetic variations within and between troops of *Macaca fuscata fuscata*. In : *Contemporary Primatology*. 75-89. Karger, Basel.
小片丘彦 (1972)「古病理学的にみた日本古人骨の研究」 新潟医学会雑誌 86 : 466-477.
小片保 (1951)「筋活動電流による直立姿勢に関する研究」 人類学雑誌 62 : 61-72.
小片保 (1967)「洞穴遺跡出土の人骨所見序説」『日本の洞穴遺跡』 382-423. 平凡社, 東京.
小片保 (1981)「縄文時代人骨」『人類学講座 5 日本人 I 』27-55. 雄山閣出版, 東京.
Ohtsuka, R. (1970) Ecology of the Nasake fishermen : the temporal and spatial structure of their activity system as revealed by an individual-tracing method. *JASN*, 78 : 121-139.
大塚柳太郎・田中二郎・西田利貞 (1974)『人類の生態』(生態学講座 25) 共立出版, 東京.
Ohtsuka, R. & T. Suzuki (eds.) (1990) *Population Ecology of Human Survivals : Biocultural Studies of the Gidra in Papua New Guinea*. Univ.

Tokyo Press, Tokyo.
Okada, M. (1972) An electromyographic estimation of the relative muscular load in different human postures. *J. Hum. Ergol.*, 1 : 75-93.
岡島道夫 (1954,1956)「双生児の指紋に関する研究」『双生児の研究』 43-53,『双生児の研究 第II集』 23-35. 日本学術振興会, 東京.
Omoto, K. (1972) Polymorphisms and genetic affinities of the Ainu of Hokkaido. *Human Biol. Oceania,* 1 : 278-288.
尾本恵市・三沢章吾・石本剛一 (1976)「血液の遺伝マーカーよりみた沖縄のヒト」 九学会連合沖縄調査委員会編『沖縄-自然・文化・社会』 93-111. 弘文堂, 東京.
Omoto, K. & S. Misawa (1976) The genetic relations of the Ainu. In : R. L. Kirk & G. Thorne (eds.), *The Origin of the Australians*. 365-376. Australian Institute of Aboriginal Studies, Canberra.
尾本恵市 (1984)「ネグリトの起源:集団遺伝学的アプローチ」 日本人類学会編『人類学——その多様な発展』 186-198. 日経サイエンス社, 東京.
Omoto, K., et al. (1996) Population genetic studies on national minorities in China. In : T. Akazawa & E. Szathmary (eds.), *Prehistoric Mongoloid Dispersals*. 137-145. Oxford Univ. Press, Oxford.
Omoto, K. & N. Saitou (1997) Genetic origins of the Japanese : a partial support for the dual structure hypothesis. *Am. J. Phys. Anthrop.*, 102 : 437-446.
Oota, H., et al. (1995) A genetic study of 2000-year old human remains from Japan using mitochondrial DNA sequences. *Am. J. Phys. Anthrop.*, 96 : 133-145.
Saitou, N. & M. Nei (1987) The neighbor-joining method : a new method for constructing phylogenetic trees. *Mol. Biol. Evol.*, 4 : 406-425.
酒井琢郎・佐々木泉・花村肇 (1965-1973)「日本人歯牙のエナメル・ゾウゲ境についての形態学的研究 I~VII」 人類学雑誌 73 : 91-109,75 : 155-172,207-223, 77 : 71-98, 79 : 297-322, 81 : 25-45, 87-102.
佐倉朔 (1964)「日本人に於ける齲歯頻度の時代的推移」 人類学雑誌 71 : 153-177.
Sato, M. (1966) Muscle fatigue in half rising posture. *JASN,* 74 : 195-201.
Sato, M. & T. Sakate (1974) Combined influences on cardiopulmonary functions of simulated high altitude and graded work loads. *J. Hum. Ergol.*, 3 : 55-66.
Sato, M., et al. (1975) A comparison of work efficiency between urban and suburban children. *J. Hum. Ergol.*, 3 : 143-148.
佐藤方彦 (1997)『最新生理人類学』 朝倉書店, 東京.

Sawada, Y. (1964) Growth and development of Japanese. 体質医学研究所研究報告, 14（付録）: 1-48.

Shapiro, H. L. (1939) *Migration and Environment*. Oxford Univ. Press, New York and London.

茂原信生（1993）「人骨の形質」『北村遺跡（長野県埋蔵文化財センター発掘調査報告書 14）』259-402. 長野県埋蔵文化財センター, 長野.

Shima, G. (1971) Untersuchungen über das Hautleistensystem auf Handflächen der Polynesier und der gemischten Polynesier. *JASN*, 79: 185-235.

Shinoda, K. & S. Kanai (1999) Intracemetery genetic analysis at the Nakazuma Jomon site in Japan by mitochondrial DNA sequencing. *AS*, 107: 129-140.

須田昭義（1952）「我国人口密度の変遷と文化中心地帯の移動」 日本人類学会編『日本民族』 7-15. 岩波書店, 東京.

鈴木尚（1950）「相模平坂貝塚（早期縄文式遺跡）の人骨について」 人類学雑誌 61: 117-128.

鈴木尚ほか（1956）『鎌倉材木座発見の中世遺跡とその人骨』 岩波書店, 東京.

鈴木尚（1963）『日本人の骨』 岩波書店, 東京.

鈴木尚ほか（1967）『増上寺徳川将軍墓とその遺品, 遺体』 東京大学出版会, 東京.

Suzuki, H. (1969) Microevolutional changes in the Japanese population from the prehistoric age to the present-day. *J. Fac. Sci. Univ. Tokyo*, Sec.V, 3: 279-309.

Suzuki, H. & F. Takai (eds.) (1970) *The Amud Man and His Cave Site*. The University of Tokyo, Tokyo. [Revised edition (1999), Therapeia, Tokyo.]

Suzuki, H. (1982) Pleistocene man in Japan. *JASN*, 90(Suppl.): 11-26.

Suzuki, H. & K. Hanihara (eds.) (1982) The Minatogawa Man. *Bull. Univ. Mus. Univ. Tokyo*, 19.

鈴木尚（1985）「江戸時代における貴族形質の顕現」 人類学雑誌 93: 1-32.

鈴木隆雄（1998）『骨から見た日本人』 講談社, 東京.

鈴木継美・大塚柳太郎・柏崎浩（1990）『人類生態学』 東京大学出版会, 東京.

Takahara, S. (1968) Acatalasemia in Japan. In: E. Beutler(ed.), *Hereditary Disorders of Erythrocyte Metabolism. Proc. Symp. Duarte, 1967.* 21-40. Grune & Stratton, New York.

高橋憲・許承貴（1968）「性および成長過程における騒音環境への適応性の差異について」 人類学雑誌 76: 34-51.

高崎裕治・鎌滝昭男・山崎昌広（1979）「日本人青年男子の体密度推定式」 人類学雑誌 87: 439-444.

Takai, S., et al. (1984) Skeletal maturity of Japanese children in Amami-Oshima Island. *Ann. Hum. Biol,* 11 : 571-575.
田中二郎 (1971)『ブッシュマン』 思索社, 東京.
Tanaka, J. (1979) *The San Hunter-Gatherers of the Kalahari : Study in Ecological Anthropology.* Univ. of Tokyo Press, Tokyo.
田中任 (1959)「血液型から見た日本人」 犯罪学雑誌 25 (別揖) : 37-67.
寺田和夫 (1975)『日本の人類学』 思索社, 東京. [文庫版 (1981) 角川書店, 東京.]
寺門之隆 (1981)「古墳時代人骨」『人類学講座 5 日本人 I』101-121. 雄山閣出版, 東京.
徳永勝士 (1995)「HLA遺伝子群からみた日本人のなりたち」 百々幸雄編『モンゴロイドの地球 3 日本人のなりたち』193-210. 東京大学出版会, 東京.
富田守 (1967)「歩行の四肢運動様式に関する研究 (1),(2)」 人類学雑誌 75 : 120-146, 173-194.
辻正 (1957)「Phenyl-thio-carbamide 並びにその類似化合物に対する味覚能力の個体差とその遺伝」 人類遺伝学雑誌 2 : 96-117.
Turner, C. G., Jr. (1987) Late Pleistocene and Holocene population history of East Asia based on dental variation. *Amer. J. Phys. Anthrop.*, 73 : 305-321.
Uetake, M. (1987) A new evaluation of leanness/obesity from the viewpoint of clothing design. *JASN,* 95 : 421-432.
Watanabe, H. (1964) The Ainu : a study of ecology and the system of social solidarity between man and nature in relation to group structure. *J. Fac. Sci. Univ. Tokyo,* Sect. V, 2(6) : 1-164.
Watanabe, H. (1973) *Ainu Ecosystem.* Univ. of Tokyo Press, Tokyo.
渡辺仁 (編) (1977)『人類学講座 12 生態』 雄山閣, 東京.
Watanabe, N. & D. Kadar (eds.) (1985) Quaternary Geology of the Hominid Fossil Bearing Formations in Java. *Special Publication, Geological Research and Development Center (Bandung)*, No. 4.
Watanabe, S., S. Kondo, & E. Matsunaga (eds.) (1975) *Anthropological and Genetic Studies on the Japanese.* Univ. Tokyo Press, Tokyo.
White, T. D., G. Suwa, & B. Asfaw (1994) *Australopithecus ramidus,* a new species of early hominid from Aramis, Ethiopia. *Nature,* 371 : 306-312.
山口敏 (1974)「北海道の先史人類」 第四紀研究 12 : 257-264.
Yamaguchi, B. (1982) A review of the osteological characteristics of the Jomon population in prehistoric Japan. *JASN,* 90(Suppl.) : 77-90.
Yamaguchi, B. & X. Huang (eds.) (1995) Studies on the Human Skeletal Remains from Jiangnan, China. *Nat. Sci. Museum Monographs,* No. 10,

Tokyo.

山本美代子 (1988)「日本古人骨永久歯のエナメル質減形成」 人類学雑誌 96 : 417-433.

Yamazaki, N., et al. (1979) Biomechanical analysis of primate bipedal walking by computer simulation. *J. Hum. Evol.*, 8 : 337-349.

柳沢澄子 (1958)「日本人成人女子の生体学的研究並びにそれによる衣服寸法の基準設定」 解剖学雑誌 33 : 539-564.

Yanagisawa, S. & S. Kondo (1973) Modernization of physical features of the Japanese with special reference to leg length and head form. *J. Hum. Ergol.*, 2 : 97-108.

日本人類学史年表 ——————————————————— 楢崎修一郎

年号	西暦	日本人類学会のできごと	備考
安政6	1859	小金井良精が長岡にて生まれる	パリ人類学会発足
			ダーウィン『種の起源』出版
文久3	1863	坪井正五郎が江戸にて生まれる	ロンドン人類学協会設立
	1866	フィリップ・フランツ・フォン・シーボルト死去	
明治1	1868	明治維新	フランスでクロマニヨン人発見
			ジャック・ブーシェ・ド・ペルト死去
明治3	1870	岡山県津雲貝塚で人骨が発見	ドイツ人類学会発足
明治4	1871		エドワード・ラルテー死去
明治5	1872		博物局設けられる
明治6	1873		ルイス・アガシー死去
明治7	1874		ジェフリー・ワイマン死去
明治8	1875	デーニッツの『日本民族論』出版	チャールズ・ライエル死去
明治9	1876	ベルツ来日・東京医学校教授となる	
		3月、ジョン・ミルン来日	
明治10	1877	4月、東京大学が創設	
		6月、モース来日	
		7月、モースが東京大学動物学教授に就任	
		9月-11月、モースが大森貝塚の発掘調査	
明治11	1878	モース、各地を旅行。小石川植物園を発掘 進化論を紹介。シーボルトが日本石器時代人を論ずる	
明治12	1879	モースが『大森介墟古物編』(英文・和文)を出版	
		坪井正五郎等が夜話会を作る	
		7月、飯島魁・佐々木忠次郎が茨城県陸平貝塚を発掘	
明治13	1880	ミルンがアイヌ説発表。渡瀬が北海道でコロボックルの遺跡を調べる。 小金井ドイツへ留学	ポール・ブローカ死去
明治14	1881		タイラーが『Anthropology』を出版
明治15	1882		チャールズ・ダーウィン死去
明治16	1883	ベルツの『日本人種論』出版	
明治17	1884	3月17日、有坂鉊蔵・坪井正五郎等、本郷弥生で弥生式土器を発見	
		10月12日、東京人類学会が発足	
明治18	1885	小金井が帰朝し講師に就任	

元号	西暦	日本の出来事	世界の出来事
明治19	1886	2月，機関誌第1号『人類学会報告』が出版 6月，機関誌が『東京人類学会報告』に改称 坪井正五郎が東京大学を卒業し大学院へ進学 東京大学が帝国大学に改称	ベルギーでスピー人発見 ジョージ・バスク死去
明治20	1887	7月，神田孝平が初代東京人類学会会長に就任 8月，機関誌が『東京人類学会雑誌』に改称	
明治21	1888	坪井正五郎が，帝国大学理科大学助手に就任	エーサ・グレイ死去
明治22	1889	坪井正五郎が，イギリスへ留学	インドネシアでワジャック人発見
明治24	1891		インドネシアでピテカントロプス発見
明治25	1892	10月，坪井正五郎がイギリスより帰朝し理科大学教授に就任 鳥居龍三が，人類学教室の標本掛に就任	リチャード・オーウェン死去
明治26	1893	東京大学に人類学講座が設置	ヘルマン・シャーフハウゼン死去
明治27	1894		チェコスロバキアでプシェドモスト人発見
明治28	1895		トーマス・ヘンリー・ハックスリー死去 日本考古学会発足
明治29	1896	10月，坪井正五郎が第2代東京人類学会会長に就任	
明治31	1898	人類学教室改築 八木奘三郎の『日本考古学』出版	
明治32	1899	鳥居龍三が，台湾と千島を調査 足立文太郎がヨーロッパへ留学	クロアチアでクラピーナ人発見
明治33	1900	松村　瞭が第1回の撰科生となる	
明治34	1901		イタリアでグリマルジ人発見
明治35	1902		アメリカ人類学会発足 ルドルフ・ウィルヒョウ死去
明治36	1903		日露戦争始まる
明治37	1904	若林勝邦死去 足立文太郎が帰朝し，京都大学教授に就任 小金井良精が『日本石器時代の住民』を出版 10月，東京人類学会の事務室が哲学書院から人類学教室へ	日露戦争終結
明治40	1907		ドイツでマウエル人発見
明治41	1908	ハインリッヒ・フィリップ・フォン・シーボルト死去	フランスでラ・シャペローサン人発見

明治42	1909		フランスでラ・フェラシー人発見
明治44	1911	3月，機関誌が『人類学雑誌』に改称	フランスでラ・キーナ人発見
			フランシス・ガルトン死去
			ポール・トピナール死去
明治45 大正1	1912		イギリスでピルトダウン人発見
大正2	1913	坪井正五郎死去。ジョン・ミルン死去。エルヴィン・ベルツ死去	アルフレッド・ラッセル・ウォーレス死去
		松村 瞭が日本人類学会評議員長に就任	
大正3	1914		第1次世界大戦勃発
大正4	1915		リチャード・ライデッカー死去
			フレデリック・パトナム死去
大正5	1916		チャールズ・ドーソン死去
			グスタフ・シュワルベ死去
大正6	1917	6月，大阪府の国府遺跡の発掘	
大正7	1918		第1次世界大戦終結
		12月，松本彦七郎が宮城県の里浜貝塚を発掘	アメリカ自然人類学雑誌創刊
大正8	1919		エルンスト・ヘッケル死去
大正10	1921	長谷部言人がドイツに留学	ザンビアでブロークンヒル人発見
大正12	1923	姥山貝塚の発掘調査	関東大震災
大正13	1924	清野謙次『日本原人の研究』を出版	南アフリカでタウング人発見
		鳥居龍三が東京大学を辞任	
大正14	1925	小金井良精，東京大学医学部を退官	ドイツ自然人類学会発足
		モース死去	ルドルフ・マルチン死去
昭和2	1927	長谷部言人『自然人類学概論』を出版	レオン・ピエール・マヌブリエ死去
昭和3	1928	1月，人類学会の会務が岡書院に移る	
		足立文太郎『日本人体質の研究』及び『日本人の動脈系統Ⅰ』（独文）出版	
昭和4	1929		大山史前学雑誌創刊
			民俗学会発足。『民俗学』創刊
			中国でペキン原人頭骨発見
			イスラエルでタブーン人発見
昭和5	1930	エリオット・スミス，リサン等が来日	アメリカ自然人類学会発足
		足立文太郎が恩賜賞を受賞	中国で上洞人発見
昭和6	1931	直良信夫,兵庫県明石市西八木で明石人を発見	満州事変勃発
			インドネシアでソロ人発見
昭和7	1932	白井光太郎死去	『ドルメン』創刊
			イスラエルでスフール人発見
昭和8	1933	第1次満蒙学術調査団派遣	ドイツでシュタインハイム人

昭和8	1933	足立文太郎『日本人の静脈系統』出版	発見 イスラエルでカフゼー人発見
昭和9	1934	人類学会の会務が岡書院から東京大学人類学教室に戻る 人類学会創立50周年。人類学教室引越す 松村　瞭が初代東京人類学会総務幹事に就任	ダヴィッドソン・ブラック死去 日本民族学会発足
昭和10	1935	足立文太郎の古稀記念論文集が，数大学から出版される	インドネシアでモジョケルト人発見
昭和11	1936	4月，東京人類学会・日本民族学会第1回連合大会開催 （東京帝国大学：小金井良精大会会長） 松村　瞭死去。中谷治宇二郎死去	ヘンリー・オズボーン死去 カール・ゴルジャノヴィッチ・クランバーガー死去
昭和12	1937	3月，東京人類学会・日本民族学会第2回連合大会開催 （東京帝国大学：白鳥倉吉）	インドネシアでピテカントロプス2号発見 グラフトン・エリオット・スミス死去
昭和13	1938	4月，東京人類学会・日本民族学会第3回連合大会開催 （東京帝国大学理学部・文学部：長谷部言人） 長谷部言人が東北大学から東京大学理学部人類学教室教授に就任。モース生誕百年祭開催 長谷部言人が第2代東京人類学会総務幹事に就任	トーマス・ウィンゲート・トッド死去
昭和14	1939	4月，東京人類学会・日本民族学会第4回連合大会開催 （慶應義塾大学医学部：桑田芳蔵）	イタリアでモンテ・チルチェオ人発見 インドネシアでピテカントロプス4号発見
昭和15	1940		レイモンド・パール死去 アルフレッド・ハッドン死去 ウジェーヌ・デュボア死去
昭和16	1941	東京人類学会を日本人類学会と改称 足立文太郎『日本人の動脈系統II』（独文）出版	ペキン原人失踪
昭和17	1942	ジョン・マンロー死去 八木裝三郎死去	マルセラン・ブール死去 フランツ・ボアズ死去
昭和18	1943	長谷部言人が東京帝国大学を退官。西村眞次死去	アレシュ・ヘリチカ死去
昭和19	1944	小金井良精死去。三宅宗悦死去	アーサー・スミス・ウッドワード死去
昭和20	1945	足立文太郎死去 人類学教室が飛騨高山に疎開	

昭和	西暦		
昭和21	1946		7月, 登呂遺跡調査 相沢忠洋が岩宿で旧石器を発見
昭和22	1947	東京大学に改称	南アフリカでSts 5/Sts 71発見
昭和23	1948	4月, 今西錦司・川村俊蔵等が都井岬の半野生馬を調査 10月〜11月, 長谷部言人等が明石市西八木を調査	フランツ・ワイデンライヒ死去 4月, 日本考古学協会発足 9月, 明治大学が岩宿遺跡を調査
昭和24	1949	新制東京大学が発足	
昭和25	1950	3月, 平泉中尊寺で藤原四代のミイラの調査 5月, 栃木県葛生で葛生人発見 10月, 第5回日本人類学会・民族学会連合大会開催（東京大学理学部：長谷部言人） 10月, 長谷部言人が第3代日本人類学会会長に就任	
昭和26	1951	3月, 東京都で日本橋人が発見 5月と7月, 栃木県葛生で葛生人追加発見 10月, 第6回日本人類学会・民族学会連合大会開催（京都大学人文科学研究所：岩村忍）	中国で資陽人発見 ロバート・ブルーム死去
昭和27	1952	10月, 第7回日本人類学会・民族学会連合大会開催（信州大学文理学部：鈴木 誠）	南アフリカでSK 48発見
昭和28	1953	鳥居龍蔵死去 長谷部言人が日本学士院会員に就任 8月, 第8回日本人類学会・民族学会連合大会開催（北海道大学医学部：児玉作佐衛門）	イギリスでピルトダウン人が贋作であることが証明される
昭和29	1954	日本人類学会創立70周年 10月, 第9回日本人類学会・民族学会連合大会開催（城内高等学校・横浜学芸大学・東京大学医学部：鈴木 尚）	アーネスト・フートン死去
昭和30	1955	10月, 第10回日本人類学会・民族学会連合大会開催（南山大学・愛知県文化会館・名古屋大学医学部：アントン・レンメルヒルト） 清野謙次死去	アーサー・キース死去 ピエール・テイヤール・ド・シャルダン死去
昭和31	1956	10月, 日本モンキーセンター設立 中山平次郎死去 11月, 第11回日本人類学会・民族学会連合大会開催（天理大学：丸山仁夫）	ウィンフリッド・ローレンス・ヘンリー・ダックワース死去
昭和32	1957	『プリマーテス』発刊 5月, 愛知県豊橋市で牛川人発見 10月, 第12回日本人類学会・民族学会連合大会開催（九州大学医学部：金関丈夫）	イラクでシャニダール人が発見

昭和33	1958	10月, 第13回日本人類学会・民族学会連合大会開催（新潟大学医学部：今村　豊）	中国で柳江人発見
昭和34	1959	9月と10月, 静岡県三ヶ日町で三ヶ日人発見 10月, 第14回日本人類学会・民族学会連合大会開催（大阪大学医学部：小浜基次）	タンザニアでOH 5発見
昭和35	1960	5月, 静岡県浜北市で浜北人発見 10月-11月, 第15回日本人類学会・民族学会連合大会開催（熊本大学医学部：忽那将愛）	タンザニアでOH 9発見 ギリシャでペトラローナ人発見 ウィラード・リビーがノーベル賞を受賞
昭和36	1961	鈴木　尚等が, イスラエルでネアンデルタール人のアムッド人を発見 5月と9月, 静岡県浜北市で浜北人追加発見 10月, 第16回日本人類学会・民族学会連合大会開催（神戸医科大学：武田　創） 京都大学理学部に自然人類学講座が設置	
昭和37	1962	5月, 静岡県浜北市で浜北人骨追加発見 10月, 第17回日本人類学会・民族学会連合大会開催（東京大学理学部・明治大学：泉　靖一） 10月, 大分県本庄村で聖嶽人発見 沖縄県伊江村でカダ原洞人発見 国際霊長類学会発足	
昭和38	1963	10月, 第18回日本人類学会・民族学会連合大会開催（鹿児島大学医学部：大森浅吉） 渋沢敬三死去	中国で藍田人発見 タンザニアでOH 13発見
昭和39	1964	11月, 第19回日本人類学会・民族学会連合大会開催（京都会館：今西錦司） 京大人類学研究会（近衛ロンド）発足 沖縄県宜野湾市で大山洞人発見	国際霊長類学会発足 タンザニアでペニンジ下顎骨発見 ホモ・ハビリスの学名　命名
昭和40	1965	酒詰仲男死去 10月, 第20回日本人類学会・民族学会連合大会開催（東北大学医学部：石田英一郎）	イスラエルでカフゼー人発見 中国で元謀人発見
昭和41	1966	10月, 第21回日本人類学会・民族学会連合大会開催（長崎大学医学部：安中正哉） 沖縄県沖縄市で桃原洞人発見	
昭和42	1967	京都大学霊長類研究所設立 甲野　勇死去 10月, 富山県氷見市で泊人発見 11月, 第22回日本人類学会・民族学会連合大会開催（南山大学：アントン・レンメルヒルト）	エチオピアでオモ人発見

昭和43	1968	1月，沖縄県具志頭村で港川人発見 9月，第8回国際人類学・民族学会議開催（全共連ビル・国立京都国際会館：岡　正雄会長） 9月，須田昭義が第4代日本人類学会会長に就任 12月，沖縄県那覇市で山下町洞人発見	ドロシー・ギャロッド死去 オーストラリアでコウ・スワンプ人発見 タンザニアでOH 24発見
昭和44	1969	長谷部言人死去。大山　柏死去 11月，第23回日本人類学会・民族学会連合大会開催（名鉄犬山ホテル：近藤四郎） 12月，鳥取県境港市で夜見ヶ浜人発見	インドネシアでサンギラン17号発見 ケニアでKNM-ER 406発見 カミール・アランブール死去 セオドア・マッカウン死去
昭和45	1970	児玉作左衛門死去。　山内清男死去 11月，第24回日本人類学会・民族学会連合大会開催（久留米市民会館：竹重順夫） 11月，鈴木　尚が第5代日本人類学会会長に就任	ケニアでKNM-ER 732発見 ウィリアム・キング・グレゴリー死去
昭和46	1971	和島誠一死去 11月，第25回日本人類学会・民族学会連合大会開催（東京慈恵会医科大学：森田　茂）	フランスでアラゴー人発見 ウィルフリッド・ル・グロ・クラーク死去
昭和47	1972	日本人類学会内にキネシオロジー分科会発足 8月，第26回日本人類学会・民族学会連合大会開催（札幌医科大学：渡辺左武郎）	ケニアでKNM-ER 1470発見 J of uman Evolutionが創刊 ルイス・セイモア・リーキー死去
昭和48	1973	10月，移動展「日本人類史展」開催（1974年4月まで，東京・大阪・名古屋・広島） 11月，第27回日本人類学会・民族学会連合大会開催（国立京都国際会館：梅棹忠夫）	ケニアでKNM-ER 1813発見
昭和49	1974	4月，国立科学博物館に人類研究部創設 11月，第28回日本人類学会・民族学会連合大会開催（農協ビル：加藤守男）	エチオピアでアファール猿人発見 タンザニアでLH 4発見
昭和50	1975	松本彦七郎死去 11月，第29回日本人類学会・民族学会連合大会開催（八王子大学セミナーハウス：宮本馨太郎）	ケニアでKNM-ER 3733発見 テオドーシス・ドブジャンスキー死去 クラレンス・レイ・カーペンター死去 ホモ・エルガスターの学名命名
昭和51	1976	9月，沖縄県伊江村でゴヘズ洞人発見 11月，第30回日本人類学会・民族学会連合大会開催（愛知会館：酒井琢朗）	アメリカ霊長類学会発足 ケニアでKNM-ER 3883発見 南アフリカでStw 53発見
昭和51	1976	11月，渡辺直経が第6代日本人類学会会長に就任	アドルフ・シュルツ死去

昭和52	1977	7月-8月,「ピテカントロプス展」開催（国立科学博物館にて） 7月, 沖縄県伊江村でゴヘズ洞人追加発見 10月, 第31回日本人類学会・民族学会連合大会開催（早稲田大学：西村朝日太郎）	ウィリアム・ビショップ死去
昭和53	1978	生理人類学懇話会発足 11月, 第32回日本人類学会・民族学会連合大会開催（新潟厚生年金会館：小片 保）	タンザニアでラエトリの足跡発見
昭和54	1979	今西錦司が文化勲章を受賞 8月, 沖縄県宮古島でピンザアブ洞人発見 10月, 第33回日本人類学会・民族学会連合大会開催（東京外国語大学：北村 甫）	フランスでサン・セゼール人発見
昭和55	1980	7月-8月,「北京原人展」開催（国立科学博物館にて） 11月, 第34回日本人類学会・民族学会連合大会開催（長崎市民会館：内藤芳篤） 11月, 池田次郎が第7代日本人類学会会長に就任 12月, 沖縄県宮古島でピンザアブ洞人追加発見	中国で和県人発見 ウィラード・フランク・リビー死去 ロバート・アードレイ死去
昭和56	1981	7月-8月,「中国の恐龍展」開催（国立科学博物館にて） 9月, 第35回日本人類学会・民族学会連合大会開催（札幌大学：宮良高弘） 京都大学に人類進化論講座設置	フランソワ・ボールド死去 ケネス・ページ・オークリー死去 アンリ・ヴァロワ死去 カールトン・クーン死去
昭和57	1982	10月, 第36回日本人類学会・民族学会連合大会開催（東京慈恵会医科大学：徳留三俊） 12月, 沖縄県宮古島でピンザアブ洞人追加発見	グスタフ・ラルフ・フォン・ケーニヒスワルト死去 ジョセフ・シドニー・ワイナー死去 裴文中死去
昭和58	1983	金関丈夫死去 日本人類学会内に遺伝分科会発足。生理人類学研究会発足 1月, 沖縄県久米島で下地原洞人発見 7月-8月, 沖縄県宮古島でピンザアブ洞人追加発見 9月, 第37回日本人類学会・民族学会連合大会開催（信州大学：大参義一）	イスラエルでケバラ人発見

昭和59	1984	伊谷純一郎が，ハックスリー賞を受賞 日本人類学会創立百周年 11月，第38回日本人類学会・民族学会連合大会開催（全共連ビル：猪口清一郎） 11月，江藤盛治が第8代日本人類学会会長に就任 12月，栃木県葛生で葛生人が追加発見	ケニアでKNM-WT 15000発見 ジョージ・ゲイラード・シンプソン死去
昭和60	1985	直良信夫死去 11月，第39回日本人類学会・民族学会連合大会開催（筑波大学：綾部恒雄） 日本霊長類学会発足	ケニアでKNM-WT 17000発見 グリン・アイザック死去
昭和61	1986	松崎寿和死去 11月，第40回日本人類学会・民族学会連合大会開催（九州大学医学部：永井昌文） 11月，山口　敏が第9代日本人類学会会長に就任 11月-12月，沖縄県久米島で下地原洞人追加発見	アンドレ・ルロワ・グーラン死去 ローレンス・エンジェル死去 ホモ・ルドルフエンシスの学名命名
昭和62	1987	八幡一郎死去 生理人類学会発足 10月，第41回日本人類学会・民族学会連合大会開催（京都大学教養部：米山俊直）	ジョン・ラッセル・ネイピア死去 ウィルトン・マリオン・クロッグマン死去
昭和63	1988	7月-8月，「日本人の起源展」開催（国立科学博物館にて） 11月，第42回日本人類学会・民族学会連合大会開催（大阪国際交流センター：寺門之隆）	レイモンド・ダート死去 ビヨルン・クルテン死去
平成1	1989	10月，第43回日本人類学会・民族学会連合大会開催（岡山理科大学：川中健二）	
平成2	1990	須田昭義死去 11月，第44回日本人類学会・民族学会連合大会開催（かながわサイエンス・パーク：森本岩太郎） 11月，遠藤萬里が第10代日本人類学会会長に就任	フレデリック・ハルス死去 モンタギュー・コップ死去 ハリー・シャピロ死去
平成3	1991	2月-4月，「特別展示：有珠モシリ遺跡の発掘」展開催（国立科学博物館にて） 10月，第45回日本人類学会・民族学会連合大会開催（東京大学教養学部：大貫良夫）	アラン・ウィルソン死去 ミルドレッド・トロッター死去
平成4	1992	12月，諏訪元等がエチオピアのアラミスでラミダス猿人を発見 9月-11月，「楼蘭王国と悠久の美女」展開催（国立科学博物館にて）	スペインでアタプエルカ人発見

平成4	1992	10月，第46回日本人類学会・民族学会連合大会開催（大阪大学医学部：俣野彰三） 今西錦司死去	
平成5	1993	生理人類学会，日本生理人類学会と改称 5月，土井ヶ浜遺跡・人類学ミュージアム開館 8月，赤澤 威等が，シリアのデデリエ遺跡でネアンデルタール人幼児発見 10月，第47回日本人類学会・民族学会連合大会開催（立教大学：香原志勢） 12月，国際高等研究所にて国際シンポジウム Origin & Past of Homo sapiens sapiens as viewed from DNA 開催	イタリアでアルタムラ人発見 ソリー・ザッカーマン死去
平成6	1994	9月-11月，「黄金の都 シカン発掘」展開催（国立科学博物館にて） 10月，第48回日本人類学会・民族学会連合大会開催（鹿児島大学：小片丘彦）	アカストラのピテクス，ラミダスの学名命名
平成7	1995	9月-11月，「特別展・人体の世界」開催（国立科学博物館にて） 10月，第49回日本人類学会・民族学会連合大会開催（千葉大学：大給近達） 10月，石田英実が第11代日本人類学会会長に就任 11月-12月，「ネアンデルタールの復活展」開催（東京大学総合研究資料館にて）	ミーブ・リーキー等がアナメンシス猿人を報告 アルディピテクス，ラミダスに学名変更
平成8	1996	9月-11月，「ピテカントロプス展」開催（国立科学博物館にて） 10月，第50回日本人類学会・民族学会連合大会開催（佐賀医科大学：稲吉敏男） 10月，群馬県立自然史博物館開館	
平成9	1997	6月，馬場悠男等がインドネシアのサンギラン遺跡でピテカントロプスの切歯を発見 日本人類学会内に，骨考古学研究会発足 9月，第51回日本人類学会開催(筑波大学：岡田守彦)	ホモ・アンテセッサーの学名命名
平成10	1998	9月，第52回日本人類学会開催(札幌学院大学：佐倉 朔) 日本人類学会内に，歯の人類学分科会発足	
平成11	1999	3月-5月，「ネアンデルタール人の謎展」開催（群馬県立自然史博物館にて） 7月-10月，「大顔展」開催（国立科学博物館にて）	エチオピアでガルヒ猿人発見 岩宿遺跡発掘50周年

平成11	1999	11月，第53回日本人類学会開催（東京都立大学：大槻文夫） 11月，木村 賛が第12代日本人類学会会長に就任 日本人類学会内に，ヘルス・サイエンス分科会及び人類進化学分科会発足 渡辺直経死去。江藤盛治死去	
平成12	2000	8月，新潟県立歴史博物館開館 11月，第54回日本人類学会開催（東京大学：木村 賛）	ケニアで600万年前の人類化石発見 11月,旧石器発掘ねつ造事件発覚

参 考 文 献

ハーバート＝ガスタ,レスリー＆ノット・パトリック［宇佐見龍夫監訳］(1982)『明治日本を支えた英国人』 日本放送出版協会, 322 p.

磯野直秀 (1987)『モースその日その日』 有隣堂，横浜, 360 p.

Jones, S.,Martin, R., & Pilbeam, D.(1992) *The Cambridge Encyclopesia of Human Evolution.* Cambridge University Press, Cambridge, 506 p.

工藤雅樹 (1979)『研究史 日本人種論』 吉川弘文館, 東京, 320 p.

明治大学考古学博物館編 (1995)『市民の考古学2：考古学者・その人と学問』 名著出版, 東京, 380 p.

守屋 毅編 (1988)『モースと日本』 小学館, 東京, 518 p.

中山 茂 (1978)『帝国大学の誕生』 中央公論社, 東京, 192 p.

太田雄三 (1988)『Ｅ.Ｓ.モース』 リブロポート, 東京, 292 p.

佐伯彰一・芳賀 徹編 (1987)『外国人による日本論の名著』 中央公論社, 東京, 296 p.

斎藤 忠 (1980)『年表でみる日本の発掘・発見史①奈良時代〜大正篇』 日本放送出版協会, 東京, 209 p.

斎藤 忠 (1982)『年表でみる日本の発掘・発見史②昭和篇』日本放送出版協会, 東京, 245 p.

斎藤 忠 (1974)『日本考古学史』 吉川弘文館, 東京, 349 p.

斎藤 忠 (2001)『日本考古学史年表』学生社，東京，480 p.

桜井清彦・坂詰秀一編 (1989)『論争・学説 日本の考古学』 雄山閣, 東京, 128 p.

椎名仙卓 (1988)『モースの発掘』 恒和出版, 東京, 216 p.

椎名仙卓 (1989)『明治博物館事始め』 思文閣出版, 京都, 257 p.

Spencer, F.(1982) *A History of American Physical Anthropology: 1930-1980*, Academic Press, New York, 495 p.

Spencer, F.(1997) *History of Physical Anthropology: Volume 1.A-L*, Garland Publishing, New York & London, 626 p.

Spencer, F.(1997) *History of Physical Anthropology: Volume 2.M-Z*, Garland Publishing,New York & London, 1195 p.

寺田和夫 (1975)『日本の人類学』 思索社, 東京, 266 p.

上野益三（1991）『博物学者列伝』 八坂書房, 東京, 412 p.
上野益三（1989）『日本博物学史』 講談社, 東京, 281 p.
吉岡郁夫（1987）『日本人種論の幕あけ』 共立出版, 東京, 190 p.
吉岡郁夫・長谷部学（1993）『ミルンの日本人種論』 雄山閣出版, 東京, 256 p.
渡辺直経編（1997）『人類学用語事典』 雄山閣出版, 東京, 305 p.

5 付論 人類学，その対立の構図

□ 香原 志勢

人類という語の独占

　ある長老人類学者を囲む会の席上，一人の経済学者の述べた祝辞で会場は爆笑に包まれた。

　「先生は私などから見てまことにうらやましい限りでして，ご自分の愛しているものを終生研究してこられました。ひるがえって私が研究してきたものはインフレです。これはみんなに嫌われます。」

　人間は自分も属する人間についてさまざまな方向から強い関心を抱いてきた。

　人類学は英語の anthropology（ギリシャ語の anthropos〈ヒト〉＋logos〈学〉）の訳であり，「ヒトを研究する学」を意味するが，他の学問分野でも人類，人間，もしくはヒトを研究するものが多々ある。人間に関心をもつ以上，それは当然な話である。半世紀以上，昔和辻哲郎著の「人間の学としての倫理学」は注目をもって迎え入れられたが，当時としては「人間の学」という語が妙に新鮮な響きをもって人々の耳に聞こえたのであろう。今日では心理学者や教育学者の多くもそれぞれの分野で人間の学にとり組む心づもりでいるといえる。人文諸科学が humanities の訳であるように，それに属する諸学はいずれも人間に関わる研究を標榜している。

ヒトは動物の一員であるだけに，医学者，とくに臨床医学者は日頃人体に寄宿する疾病の治療に従事し，また病苦を訴える患者に接するため，つねに人間のあり方を考察する立場におかれている。人体解剖学や人体生理学は人体の構造・形態や機能を通して人間自身に深く関わる。免疫学や分子生物学は一見人間的存在とはまったく別な資料を扱うが，そういう中にヒト的な特性をもつ因子が発見されれば，いや応なく人間のことも考えるようになる。いずれにしても，かなりの学問分野で多かれ少なかれ人間に関心がもたれ，またそうなるように仕向けられる。そのような中にあって，ひとり人類学のみが人類という名称を独占するのはいささか傲慢ではないか。

　それに答えるために，まず単純な比喩があげられる。ある山を一方向から見ただけでは，その山の姿を十分認識したとはいえない。さまざまな方向から直接見たり，種々な天候・季節における一定の地から写した写真を入手したりするほか，空中から俯瞰し，地形図を十分頭に入れたりすることによってようやく山容は理解されるといえる。人間についての理解も同じことで，一つの立場から見るだけでは人間の全貌は捕捉しえない。心理学者の見る人間像と解剖学者の見る人間像との間では対応するものはごく少ないことであろう。つまりそれぞれの学問は斯学特有の枠を通して人間を見ているので，方法論の異なる学問の枠から見たものとは容易に一致しない。まして昨今のように学問が進歩すると，その枠はますます狭くなり，また数多くなる。人間自身本来きわめて複雑な存在であり，しかも時代・環境・情況によって変わり続けるものだけに，偏りのない各方法からの知見を基に各人間像を統合することはいよいよ難しくなる。

　さて，人類学では，同様，できうる限り諸学問分野が得た成果を拝借し，それに自分自身の得た成果を加えて，十分比較検討し，それらを有機的に関連づけてこそ，全般的な人間理解が得られるのである。それは人間を分析すると同時に，総合してみることでもある。すべての学問が分析と総合から成ることは周知の通りである。いずれも分析が総合に先行する。分析とは実験調査や事実発見などであるが，そのような研究のほうがはるかに研究をまとめやすく，

次々と論文がつくられることが多い。しかし，人類学では，できうる限り，事例ごとに総合を背に負いつつ分析をすることが期待される。もっとも，総合をとくに難しく考える必要はない。現在の研究分野がヒト研究のいずこにあるか，しっかり確認することも総合の一つである。

たとえば，手の形態や機能の研究の場合，手の特定部分を刻明に観察した後要領よく記述したり，実験の結果，ある因果関係を明らかにすれば，解剖学や生理学，あるいは整形外科学の論文となるだろう。しかし，人類学ではそれだけでは十分とはいえない。ヒトの手は他の四脚動物の前肢先端部と相同でありながら，指や手首や肘などを自在に動かして道具使用や運搬作業などをこなすだけに，それなりの考察が必要である。たかが1本の手の指を痛めただけでも，全身の運動の均衡が崩れるなど，手の意義は大きい。

これらのことを事例ごとに考察することは厄介であり，泥臭くもあるが，あえて人間全体を念頭において丹念に研究を進めることで，ヒトのヒトたる所以が明確化され，その研究は堂々と人類学と自称できることになる。

ヒト・人間・人類

これまでの記述ではその場その場に応じて，人類，人間，ヒトが区別されずに使われてきた。人類は集合名詞であり，語感もかなり固いので，「人類の将来」とか「人類の共通遺産」などと，改まった形の表現に用いられることが多い。人間は本来仏教用語で「世間」を意味するものとして使われたが，今日では日常的な会話でごく一般的に使用されるばかりか，人文諸科学でも好んで用いられる。人間とは人と人の間を意味するから，それは社会的存在であることを暗示し，また単数でも複数でもどちらでも用いられる。なお哲学の一部門として人間学があげられるが，人類学と異なる点は後述する。ヒトという語は動物学上の種名を強く意識させ，また個体を客観的に記述するさい使用される。

なお，人間的とヒト的・人類的とは明らかに意味を異にする。前者は情緒的

な使いようで，とくに思いやりのあるさまや人柄を表わすが，後者はヒト・人類の特性を帯びていることを表わすにすぎない。ところで，「ひと」や「人」もある。ひとは「ひとの気も知らないで」のように一人称の意を含み，「ひとの物を盗む」という場合は第三者を意味する。それらの語は曖昧に使われる。また人は「御人が悪い」などと，性格・人柄について用いられる。念のためながら，「人多き人の中にも人ぞなき　人になれ人　人になせ人」のように，ここでは人はまったく多義的・文学的に用いられる。

　他方，ヨーロッパ語でも man や homme は人類全体を指すとともに，男，成人の意をも含み，単純ではない。

　本稿では，以上ような意味，ニュアンスの違いを無視し，通常はヒト・人間・人類を同義語に用いることにする。

　なお，人類学で扱うヒトは現生人類，もしくはホモ・サピエンスだけではなく，古生物学的世界の各種人類，つまり進化段階の古人類もこれに含まれる。

欧米における自然・文化両人類学

　一般的にも人類学的にも，もっとも簡にして要を得たヒトの定義は，「文化をもつ動物」ということができよう。そこでは次に「文化」とは何かという難題が問われるが，今は一般的なものに留めておく。となると，ヒトはすべて文化をもっており，また文化をもつ動物は他にいない（サル，とくに類人猿は萌牙的な文化をもっているが，論を進めるためあえて次元を異にするものとして，これ以上立ち入らない）。ただ，訓練を受けた警察犬はみごとな動きを示すため，人手をまったく受けない野犬とは動物学的に同種であっても，行動面では別の動物種のようにみえる。この場合警察犬の受けた訓練はイヌの文化ではなく，ヒトのつくった文化である。ヒトでは，文化に基づく行動の多様性はイヌのそれをはるかに超えて，多彩である。したがって，文化を異にした複数の民族は擬似的に種を異にした集団であるとさえいえる。

さて，人類学はヒトを総括的に研究する，と今述べたばかりであるが，以上のように，ヒトが「文化をもつ動物」と定義できるとなると，ヒト概念は動物的なものと文化的なものとに二極化するといえるので，研究対象としての人類も二分され，重点を前者におく自然人類学と後者におく文化人類学とに分けられる。もちろん，両者は完全に分離したのではなく，自然人類学者はつねに文化をもつことを念頭においた上で動物としてのヒトを研究し，文化人類学者は文化は動物の一員であるヒトによってつくられたものであることを十分わきまえて，文化の研究に向かうべきである。もしこれらのことを忘れてしまえば，それはもはや自然人類学ではなく，ヒト動物学であり，また文化人類学ではなく，たんなる文化学にすぎないといえよう。

　さて，このようなかなりきびしい人類学，そして自然・文化両人類学のあり方を述べてきたが，それはあくまで主意であり，建前である。それを外れたら人類学あるいは自然または文化人類学にあらずというものではない。物理学者とは物理学に通暁している者のみをいうのではなく，物理学に立ち入って学究しようとする者をいう。人類学についても同じことがいえる。自然・文化両人類学界とも。もちろん人類学は偏狭な学問ではない。他分野にも専門的興味をもちながら，その延長として人類学分野に関心を広げ，研究を進める者が数多くいる。いずれにしても彼らは人間や人類を深く考えている以上，人類学者である。ヒトが文化をもつ動物であることを承知さえしていれば，まずは人類学の資格所持者といえる。

　人類学は他の学問同様ヨーロッパで発祥し，発展をとげた学問であるが，今日，国により人類学という語がもつ意味は異なる。ドイツ・フランスなどヨーロッパ大陸諸国はかつて世界中に広く植民地をもったところから，ここでは自分たちの文化とは異なる文化をもつ民族に注目し，その文化を比較研究する学問として民族学 Völkerkunde, ethnology が成立，発展した。また，地球上の各地に住む人々の身体の変異を調べる一方，当時主としてヨーロッパとその周辺から出土する古人骨を研究する学問として人類学 Anthropologie が誕生した。両者は二元的に存在するとともに，たがいに関連すると見なされていた。

その例としてパリには両者の標本を展示する博物館があるが，それは人類学博物館ではなく，人類の博物館 Musée de l'Homme である。

　これに対して，七つの海にその勢威を誇ったイギリスの学界は事物をそのまま正確に記載する学，すなわち自然誌学 natural history の伝統をもつため，人間を見るにあたっても，まず，文化をもつヒトを全体として把える学を人類学とし，次にそれは身体面を重視する自然人類学 physical anthropology と文化面に着目する文化人類学 cultural anthropology とに分かれるものとした。なおイギリスでは往時人類学は紳士の学とされたが，それは社会の上層部にある者は人間と異文化についての教養を身につけるように期待されたからである。

　今，文化を衣服にたとえるならば，イギリスの人類学では，まず着衣したままの人間を写真に撮るなどして，調べ，次に衣服を脱がせ，体と衣服をそれぞれさらに検討するのに対し，ドイツ・フランスでは，初めから人体と衣服を別物として別け，裸身と衣服を人類学と民族学がそれぞれ調べるという形をとった。このたとえをそのまま使うならば，着つけや着衣効果に眼が及ぶのはイギリス流のほうだといえる。

　アメリカはイギリスの文化を多分に引き継いだために，一般人類学 genenal anthropology として発足し，身体・文化両方についての教養を身に保ちつつ，それぞれの専門分野をもとうとする傾向が強かった。太平洋戦争中，日本文化の核心に迫る『菊と刀』の著者 R. ベネディクトはまた「人種」に関わる著作もある。これが 20 世紀前半のアメリカ人類学の潮流であった。むろんアメリカのおかれた状況から人類学も独自の方法が加わっている。1)アメリカ合衆国は世界各地からの移民の国であり，色とりどりの人種・民族から成るだけに，これらについての関心が深い。2)合衆国の歴史はメイフラワー号以来であり，それ以前の先住民の歴史とは繋がらず，当然まったく異質のアメリカ・インディアンの研究が重視される。3)フロンティア精神をもって開拓した歴史を誇るところから，出自・伝統・遺伝重視のヨーロッパに対して，人間をつくるものとして環境重視の学風が強い。

ところが，第二次世界大戦を契機にアメリカの国策はモンロー主義を捨て，世界政策をとるに及び，現地人と，アメリカ合衆国軍隊もしくは市民との間にしばしば軋轢が生じたため，異文化研究に従事する文化人類学が着目された。この分野に多額の補助金が賦与されたところから，文化人類学をめざす学徒が短期間に急増し，それまで均衡がとれていた自然と文化の両人類学の割合が崩れ，今日では文化人類学者の数が圧倒的に多く，また文化人類学は社会学との連繋傾向が強くなった。自然人類学者の数は漸増するのみで，従来の道を進むが，交通・通信が飛躍的に発展するとともに化石人類の探索のため，その眼も手も足も広く世界に及んでいる。いずれにしても，アメリカでは人類学というと，文化人類学を指す。自然人類学という時には，頭に自然という形容詞をつけるという。人類学という語の使い方は，最近のアメリカはドイツの場合と正反対になっている。

　それでも，アメリカの大学では人類学部が単独にまとまる。たとえば州立イリノイ大学では，その構成は自然人類学・文化人類学・社会学・考古学・言語学の5コースから成っている。しかし，実学の国であるから，時代の要求次第でその構成は完全に安定しているとはいえない。

日本における自然・文化両人類学

　明治維新後10年も経たない1877年夏，E. S. モースは東京大学動物学教師として来日して間もなく，大森貝塚を発掘したほか，ダーウィンの進化論を紹介したことから，日本および世界の古人類への関心が高まり，1884年弥生土器が発見され，東京人類学会（1941年に日本人類学会となる）が発足した。

　1889年，坪井正五郎が英国に留学，人類学を学び，帰国後英国流の人類学の普及に務めた。1893年東京大学理学部に学部学生を採らない人類学教室がおかれた。

　他方，小金井良精，続いて足立文太郎がドイツに留学し，ともに高い業績を

あげ，ドイツ流の人類学を本邦，とくに医学界に導入したが，同じ頃より日本各地出土の古人骨の研究が広く行なわれるようになった。

1934年，日本民族学会が発足し，翌々年より人類学会と民族学会の連合大会が4年間毎年開催された。1938年長谷部言人が東京大学人類学教授に就任し，翌年から学生を採用するようになった。人類学徒の養成は当時の日本を巡る情勢の求めるものであった。長谷部は自然人類学と先史学の研究を重視した。

太平洋戦争後は日本の人類学界にもアメリカの学界の影響が押し寄せ，東京大学教養学部に文化人類学教室が誕生したのを皮切りに，今日にいたるまで全国各地に大小の文化人類学もしくは民族学の研究・教育機関が設立されるにいたった。

自然人類学分野では，宮地伝三郎・今西錦司を中心として霊長類研究に目覚ましい業績をあげた京都大学に自然人類学研究室および霊長類研究所が設立された。なお，戦後考古学界は史学研究の一環を預かるという意識が高まる一方，日本各地で増え続ける膨大な数の発掘調査を処理するため，人間研究とは別個の独自の道を歩むにいたった。それとともに人類学の間で通用していた先史学という称呼は考古学の中にしだいに吸収された。

戦後の1950年，人類・民族両学会の連合大会が復活し，第50回まで毎年（1968年国際会議年を除く）開催され，以後は若干の繋がりをもちつつ，両学会の学術集会は別個に開催されるにいたった。また主として日本人類学会は自然人類学，日本民族学会は民族学もしくは文化人類学を扱うようになった。国際的には国際人類学・民族学連合および会議があり，両学会ともその有力なメンバーである。今日のところ日本学術会議には，自然人類学は第4部に人類学の枠をもっており，文化人類学は民俗学とともに第1部に枠を一つもっている。なお，戦後は新制大学の増設に伴い，一般教育の中に人類学・自然人類学，または文化人類学の講義が広くもたれている。

現状では，大学の教養課程では自然・文化の両人類学にわたる講義がかなり広く行なわれているが，専門教育となると，両者は分離して行なわれるのが普

通である。

　なお，本人類学講座にはこのような現状に鑑み，自然人類学およびそれを基にした分野が収納されている。文化人類学に関しては，すでに幾通りかの講座が出版されている。

長谷部言人とAPE会

　日中戦争勃発より少し前より，当時少壮学者であった東京在住の民族学の岡正雄，人類学の須田昭義，先史学の八幡一郎ら十数名がAPE会を創設し，月例会で各学問分野の情報交換と親睦をはかった。これらの顔ぶれのうちでは江上波夫がもっとも若かったが，いずれも筆者らの師匠の世代以前にあたり，後に彼らはそれぞれ一家をなした。

　名称のAはanthropology（人類学），Pはprehistory（先史学），Eはethnology（民族学）の頭文字を並べたもので，しかも未だape（類人猿）に留まって，ヒトに成れないでいるという意をこめていた。この語から手探りの時代の研究者たちの意気ごみ，苦悩，洒落気がよくわかる。十数年後の人類諸科学の開花にあたり，彼らの活動と人脈は大いにものをいった。

　このようなさなかの1938年，東北大学解剖学教授の長谷部言人は職半ばにして，東京大学の人類学教室に転任した。長谷部は形態学に高い業績をあげており，作業様式のヒトの筋骨へ及ぼす影響を重視したほか，先史学にも関心が強く，東北大学時代には，縄文土器の縄文の刻み方を発見した山内清男を手元に呼んだ。長谷部は形のある物質文化を尊重した。縄文土器の縄痕やしめ飾りは象徴性が高いが，彼は人類史におけるこれら縄結びの実用性，論理性に注目して，独自の結縛論を展開した。

　東大へ彼が移った翌年，1939年から人類学教室は正規に学生（それ以前は選科学生）を採用する運びにいたったが，講義課目の一つには土俗学があり，杉浦健一が物質文化を基に興味深い講義を行なった。民族学でなく，土俗学と呼

んだことに今日ではこれを軽視の表れと見る者がいるが，長谷部によると，「土」は土地で，土俗はある土地の習俗をいう。同様に土人も本来はある土地の住人を意味し，差別語ではなかった。問題はむしろ宗教学出身の杉浦が物質文化の講義に専念せねばならなかったことで，長谷部は観念をもて遊ぶことを嫌った。戦後杉浦は教育ならびに研究において，自然と文化の両人類学がいかに協力しあえるか，真摯に試みた。

　筆者らを含め，当時の人類学科学生は医学部の学生とともに解剖学・生理学・生化学・病理学総論の課目を修得せねばならなかった。長谷部は人類学研究になんらかの理学的検査法を導入することを学生たちに期待した。論文や書籍は自宅で読むものとし，教室にいる間は実験，標本の整理・観察，資料の計算をするなどと，つねに身を動かすよう学生たちに奨めた。

　長谷部の東大在職期間は5年と短かったが，強烈な印象を残し，定年退職後もしばしば教室へ顔を出した。筆者らは戦後の1948年に人類学教室入りをしたが，ただちに長谷部の前に呼び出され，心がまえを聞かされた後，入学の動機を質ねられた。生半可な答えをすると，その不心得を悟され，ただ写生を描く趣味があると答えた者だけがそれは有用であると賞揚された。

　1951年1月当時の朝鮮戦争でのアメリカ軍戦死者の遺体を鑑別する仕事が占領軍総司令部から東京大学人類学教室へ申しこまれ，大学院に入った直後の筆者も短期間それに従事した。それに参加した経験を古江忠雄・埴原和郎，それに筆者の名で，人類学雑誌の総説に書くよう奨められ，骨学にもっとも疎い筆者が草稿を書くようお鉢がまわり，その草稿は長谷部の校閲を受けた。さすがアメリカは実学の国であり，米国墓地登録部隊は，当時日本にはまったく知られていなかったL. Toddの恥骨結合面の形態変化による年齢推定を実用化していた。それは18～30歳の大半を占めるアメリカ軍人に非常に有効であった。この部分について筆者は鋭くつっこまれたが，もともと細部について詳しくは知らないので，ただToddの名を強調したところ，長谷部に「Toddがわしにどう関係あるか」と叱りとばされた。ドイツ医学全盛の頃，ドイツで学んだ彼がアメリカの学術誌を軽視していたきらいはあるが，それにしても，その

自信ないし自尊心はみごとなものだと筆者はひそかに驚嘆した。

さて，こういう時は Todd の論文を具体的に紹介すべきなのであり，おかげで American Journal of Physical Anthropology を全巻調べあげるはめになった。なお，アメリカ軍人を対象とするため，人種の同定が必要であったが，「骨からは肌の色はわからない」という文章を長谷部はとがめ，「こんな文は新聞記者の書くものだ」といって削除した。

また，今日では日本でもよく知られていることだが，アメリカ合衆国では祖先の 1/16 以上黒人であるか，あるいは 1 人でも祖先に黒人がいれば，黒人の範疇にいれられると記述したところ，「人権を重んじる国にそんな馬鹿な法律はあるまい」と長谷部に指摘されて，法学部に尋ねにいくよう命じられたが，当時の法学者たちもその事実はつかんでおらず，ただ法律にはないが，別の規定に属するものだとその考えを述べた。いずれにしても，長谷部の校閲はきびしく，あまりにもいたらなかった当時の筆者としてはたいへん辛かったが，同時によい経験をしたと，心から感謝している。

こういう彼だけに APE 会のメンバーを心よく思わなかったらしく，彼らが主導権を握っていた人類・民族連合大会は彼の意向もあって休止にいたった。もっとも，間もなく太平洋戦争が始まり，敗戦後も日本社会は長く混乱状態にあった。

1950 年，連合大会は再開されて，第 5 回を迎えたが，以後，長谷部は会長もしくは副会長として愉快げにこの会へ出席しているようにみえた。

● 長谷部＝石田論争

東京大学総長の矢内原忠雄の構想として，教養学部教養学科に文化人類学コースが設置され，1953 年初代教授に前述の杉浦健一が就任したが，半年で急逝し，その後任に石田英一郎が就いた。石田は敗戦後の当時としてはきわめて得がたい渡米の機会を利用して，アメリカ人類学界の教学の実態をつぶさに視

察することができた．生涯人間のあり方を追求してやまなかった彼は，自然と文化の両人類学の融合した教育制度を見て感銘を受け，自らの文化人類学研究室の性格を示すものとして，当時赤門の脇にあった建物の入口に「総合人類学研究室」なる標札をたてた．朝な夕なこの前を通る理学部人類学教室の者たちには，この標札は奇妙に見えた．

　1957年，福岡での連合大会で石田は「人類学とヒューマニズム」と題して講演を行なったが，これに対して長谷部は異例に長い時間を使って，石田の所説を論難した．一つには人類学のような実証的な学問がヒューマニズムという抽象概念をどの程度論ずることができるか，というものであったが，むしろ長谷部の論難の主眼は，人類学を広義に解して，「総合人類学」あるいは「社会人類学」のように形容詞のついた人類学を称することはまことにけしからんことというものであった．

　長谷部からすれば，石田のように，ついこの間まで民話をまとめて一つの体系（石田には『河童駒引考』という名著がある）にしていた者が，にわかに総合人類学などと称することは，他国の領土を侵犯するように不埒なことに見えたのだろう．日頃，総合人類学なる標札を横目にして，苦々しく思っていたことがいっきに爆発したと思われる．石田はこの挑発に対し，一言も発せず，壇を離れた．彼のような論客がそのままひき下がるはずはない．

　はたせるかな，翌1958年，石田英一郎・寺田和夫・石川英吉著『人類学概説』が上梓された．その序文に石田は，さる人類学の大先輩としながらも，長谷部の所説に激烈な反論を載せた．その中で石田は，長谷部自身にも形容詞を冠した『自然人類学概論』という旧著があることを指摘し，従来国際学界では人類学に広狭の別があることは周知のことであり，近年，イギリスでは社会人類学という名で特殊化した専門分野が牢固として存していることを主張した上で，「以上のような国際学界の現状の下にあって，そもそも何びとが自己もしくは特定の国や機関の慣用する人類学のみを唯一絶対のものと主張し，これを他の学者や自己の所属せざる大学にまで強要するがごとき権利を有しうるのか」と前年以来の鬱憤を晴らした．

ヨーロッパ風の民族学を修めた岡正雄は討論を好まず，長谷部や須田と親交を保ち，また人類学と民族学が提携し，国際学会をひき受けることをつねに唱導していたが，筆者の問いに対し，「自然人類学と文化人類学（民族学）とを無理に一つに体系づける必要はないが，ただ両者は人間の研究を目的としているから，フィールドを同じくすることがあり，そういう点でも提携することは都合がよい」と答えた。

　筆者はべつにこの論争のどちらにも加担する気はない。長谷部の「われこそは人類学」といわんばかりの権威ぶりには驚嘆する。彼は人類学にそれほど打ちこんでいたといえるが，一面リラックスした時には思わぬ人間味を見せた。他方，求道者石田英一郎の誠実な姿に接する時には身がひきしまる思いがしたが，その人類学の立場からする人間論・文化論は興味深かった。そして他者にはつねに論争をけしかけて野次馬ぶりを発揮しながら，いざ矛先が自分に向けられると，あわてて逃げる岡にも好意がもてた。彼は論争に加わるにはいささか洒脱すぎた。

● 形容詞のついた人類学

　形容詞のついた人類学を拒否する長谷部自身に「自然人類学概論」があることを指摘した点では，石田のほうに軍配が上がるようにみえるだろう。ともかく，ヒトの本質から見て，自然・文化両人類学が存在するのは道理にかなっている。長谷部は名文句「形容詞のついた」を粗忽に使ってしまったが，真意は総合人類学の不遜な出現に怒りをぶちまけたのだと考えてよい。

　今日，形容詞のついた人類学が続出している。それは文化人類学のほうに多い。想いつくままあげると，社会人類学・医療人類学・宗教人類学・経済人類学・法人類学・教育人類学・心理人類学・精神人類学・裸体人類学・芸能人類学・スポーツ人類学・映像人類学・開発人類学・観光人類学……があげられ，それぞれ実体をもち，一部は書名となっている。社会人類学は本来イギリスの

学会で民族学に対抗してできたもので，他は文化人類学の一部，もしくは応用人類学（人類学の応用篇くらいの意）としてできたもので，べつに波乱をおこす要素はないだろう。

考えてみれば，かつて哲学の分野で人間の本質を示すものとして，Home sapiens（英知人），Home faber（工作人），Home loquens（言語人），Home religiosus（宗教人），Home magicus（魔術人），Home oeconomicus（経済人），Home artex（芸術人），Home ludens（遊戯人）などがあげられる。なお，このように哲学の分野として人間を考える学に Anthropologie があり，日本では人間学と訳されるが，実証的なものに論拠をおく人類学とは一線を画される。もちろん，その思弁的な内容は示唆的である。

以上，人間にはいろいろな本質面が考えられる以上，さまざまな形容詞がつくのは必然的かもしれない。なお，広告人類学という語を聞いたが，実体は知らない。もし長谷部や石田が存命であれば，このような形容詞のついた人類学の氾濫をどう見るであろうか。

自然人類学はしばしば体質人類学，形質人類学とも呼ばれているが，体質や形質には他の限定的な意味があるので，筆者は自然人類学という訳語のほうが，文化人類学とも釣り合い，妥当だと考えている。昨今，生物人類学という呼び方もある。

自然人類学分野でも，古人類学・化石人類学・生体人類学・形態人類学・軟部人類学・生理人類学・遺伝人類学・分子人類学・歯科人類学などがあげられるが，いずれも自然人類学の一環をなすもので，それぞれその分野の発達を示している。なお，先史人類学という分野があるが，先史学との密接な関係があり，当然である。また生態人類学という分野は文化人類学との境界上にあるが，どちらかといえば自然科学的手法で人間の生活を解析する傾向が強い。

進化を軸とする学

　動物的側面，あるいは身体的側面からヒトを見る学問が自然人類学と考えられるが，もし自然人類学者と称することで利益があるならば，あるいは無制限にそれは増えるかもしれず，同時に自然人類学自体が無原則に変質するおそれがある。やはり自然人類学自体に自らを律するものがあらねばならない。

　筆者は，自然人類学は他の多くの生物学におけるように，進化を機軸として動いていると考えている。ただし，その進化は広義の進化をさす。広義の進化の中では，狭義の進化・変異・適応という三課題が三位一体として存していると考えられる。狭義の進化とは霊長類および人類進化のことであり，さらに動物進化もそれに隣接する。その進化は経時的な流れといえるものであるから，その流れの，とくに現在における横断面には，人類の変異が見られる。そこには人類の多様性を示すいわゆる人種，年齢変化（成長・老化），性差，体質や環境や時代による変異がひしめいている。適応は個体あるいは集団における形態・機能・行動・生態にあらわれるものをいうが，それは進化の機序をしばしば説明するものとなる。なお，遺伝は狭義の進化の基盤構造をなすもので，いわば屋根を構成する瓦に相当する。親と子の間の遺伝の無数の集積が進化現象をつくり出す。

　このようにいうと，なにか排他的なものに聞こえるかもしれないが，本人類学講座はまさにこれにのっとって組みたてられており，例外となる巻はない。

　ちなみに同じ雄山閣より1940年前後に刊行された『人類学・先史学講座』は本講座の前身をなし，当時としては類書がなく，まさに快挙というべき事業であった。ただ，先史学に相当する考古学部門は戦後大発展をとげ，今日では数多くの種類の考古学講座が年々歳々書店の書架をにぎわしている。それと並べると，今日人類学部門ははるかに小規模ではあるが，当時の内容に比べると，すぐれて豊かで，ダイナミックになっているといえる。半世紀もたつのだ

から当然であるが。

　しかし，勝手にある分野を自然人類学に入らないと決めつけるのはけしからぬという意見もあるだろう．筆者もそれにはできうる限り耳を傾けるつもりである．それでもやはり当惑することがある．ここにいささかふざけた仮定の話を述べるが，physical anthropology を物理人類学と訳し，力学や磁性学の面からヒトを研究した上で，満員電車内の人体の押しあいもその物理人類学的研究だと主張された場合，どう受け入れたらばよいのだろう．このような例をまさかと思う人が多いだろうが，これまでの学術集会でも，あまり見かけない人が学会発表に登場し，個人的な霊的体験の話を始めたり，本当の美男子とはどんなものか述べたりして，聴衆を驚かしたことがある．それでも彼らは人類学という語に魅されて入会した人だった．

　今日，日本学術会議という政府機関があり，各種学会がその傘下にある．学会の中には法人化されているのもあるが，大部分は任意団体である．それでも学術行政にしたがい，国の補助金も交付されるとなれば，単なる学会といえども，公的責任がある．

　多くの学問と同じく，人類学も自分自身だけで発展するわけでなく，たとえば，古生物学・地質学・年代測定学・考古学・霊長類学・動物学・分子生物学・人類遺伝学・解剖学・生理学・比較行動学・家畜学……など，数知れない隣接諸科学から多大の恩恵を受けている．今後ますます分野間の協力・提携は進み，平行して，学問分野間の境界線も大幅に変更されるであろうが，ヒトに関する研究の火の手は容易に消えず，むしろ燃えさかるであろう．

　自然科学一般が日進月歩する時代に，広野の中から一片の化石人骨を求め続けるような自然人類学の歩みは遅々たるものに見られるかもしれないが，この半世紀をふり返ると，やはりその変貌に驚かされる．筆者らは敗戦間もない頃に人類学の手ほどきを受けたが，その頃の日本は国際的に鎖国状態で，海外の人類学情報はほとんど入らず，当時進行していたアウストラロピテクス論争についても蚊帳の外におかれていた．また遺物の絶対年代などは夢物語であった．当時の化石人類誌のノートは今日ほとんど役にたっていない．この話を聞

いても，亡き師匠は不快に思うどころか，学界の発展を悦ぶことだろう。最近では日本の若い研究者たちは世界の人類学にかなり貢献している。

●「自然」と「文化」を繋ぐもの

　日本人類学会も日本民族学会もそれぞれの分野が広がり，細分され，また研究者も各自の分野に専念するようになった結果，両者の連合大会は惰性的に開催され，人々の関心が交わることは少なくなった。そういう中で先年民族学会の新会長によって学会名称の変更が提起され，同会会員間で学問論を含めて幾度も論議が重ねられたが，結局は変更は見送りになった。しかし，変則的な議事運営によって連合大会についてはほとんど論議されることなく，とばっちりを受けたように連合大会解消が民族学会側から人類学会側へ伝えられた。

　日本人類学会は藪から棒のように縁切りの提案を受けたが，もはや学会内部で討議はかなわず，連合大会は第50回をもって幕を閉じた。連合大会については問題点は多々あったが，両学会の間での討議も，また学問論議もなされぬまま，ちょうど奇禍にあったかのように解消させられたことは，まことに遺憾であった。

　このような現状を見るにつけ，筆者はかつての長谷部＝石田論争の意義を高く評価したい。当事者間には感情的な齟齬はあったが，たがいに旗色を鮮明にしたため，学問論は高いレベルに維持された。それに両学会の会員の間にはわだかまりはなかったので，それは双方の学問論や教育論にプラスに働いた。

　その点で，この度の両学会の連合大会解消は人類学会にとりまことに無内容に終始したが，べつに喧嘩別れではないので，両学会の間に感情的なしこりが生じることはなかった。その結果，両学会執行部から委員を出しあい，協議の末，以後交替で同一課題についてシンポジウムを開催することになった。

　歴史の流れはしばしば正・反・合で解釈されるが，このように対立があった後，新たに他のものが生まれることは人類学の研究でも，学会のあり方につい

ても，認められるであろう。しかし，そのためには人間的な交流がかなり有効的に働くものである。すなわち APE 会がかつてのそれの役割を果たした。筆者の世代では青人会（青年人類学会の略だが，いまだ一人前になっていないの意。両学会の若手の交流で，数年間続いた）や京都地区の近衛ロンドの会合も異なる学問領域の研究者を密に繋いだといえよう。さらに，これまで何年もの間，両学会の間にわたるビッグプロジェクトに携わった人々の交流も好影響をもたらした。人類学はまことに人間的なものを基礎にしている。

　思えば，主題の人間自体に，ヒトという動物と，文化という正・反の対立要素が秘められており，それを基に人類学が成立し，合へ発展している。

　身体（もしくはヒトという動物）と文化との間については，その間にどういう関係があるか，いろいろな研究がなされた。興味ぶかいことに，霊長類研究が有効な鍵を見出している。先導グループによるニホンザルの芋洗い，西田利貞や杉山幸丸らの道具使用，加納隆至らのボノボの社会生態，伊谷純一郎の社会進化などの研究は，他に行なわれている音声言語と発声器官の研究と並んで，今後もその研究が注目される。

　筆者自身，ヒトは「文化をもつ動物」ということばを聞いた時から，多くの研究者が強く関心をもつ「文化」あるいは「動物」よりも，その間の「もつ」に興味を抱いてきたが，これを語ることは本稿の目的から大きく外れる。

　いずれにしても，ヒトを客観的に観察・研究できるとともに，ヒト自体を心から愛する者がいる限り，両人類学の未来は明るいであろう。

あとがき

　本書は「人類学講座」全13巻別巻2巻のうちの「第1巻　総論」としてまとめられたものであるが，内容は人類学，とりわけ自然人類学の概念・歴史・現状をとり扱っており，単行書としても広く読まれることが望まれる。

　自然人類学は自然科学の一分野であり，つねに具体的・実証的に人類の起源・進化・変異・特性などについて新事実を追うものであるが，ときには人類学のあり方を見つめ，歴史をふり返ることによって，その新生面を発見し，発展させることができる。

　本来，本書は元日本人類学会会長の渡辺直経氏が企画編集されたものである。氏は人類学の概念や歴史について厖大な資料を募集し，それを本書の一部に披露されることになっていたが，残念なことに一昨年春に不帰の客となられた。そこで，同じく，元日本人類学会会長の山口敏氏，それに私とで残りの編集を引きつぐことになった。渡辺氏の担当部分の執筆は，同問題を久しく手がけてこられた山口氏，および楢崎修一郎氏にお願いすることにした。早くから原稿をそろえておられた江原昭善氏にはすっかりお待たせしてしまった。いずれにしても，私たちは生前の渡辺氏に学問的にも私的にもたいへんお世話になっていただけに，せめてもの恩返しの一編としたい。

　本書の出版にあたり，思い半ばにして斃れられた渡辺直経氏のご冥福を祈るしだいである。また幾歳月の間辛抱強く待ち続けてこられた雄山閣出版の前編集長の芳賀章内氏，ならびに現編集長の佐野昭吉氏に衷心より感謝の念を捧げたい。

　2001年1月

責任編集者の1人　香原志勢

■編集者・執筆者紹介■

渡辺直経（わたなべ　なおつね）
大正8年生まれ．東京大学理学部人類学科卒，理学博士．東京大学名誉教授．平成11年死去．
主要著作・論文：「焼土の熱残留磁気方位とその人類学・考古学のための年代学への応用」（英文，東大理学部紀要，1959）

江原昭善（えはら　あきよし）
昭和2年生まれ．東京大学理学部人類学科卒．医学博士・理学博士．フンボルト財団による西ドイツ留学．キール大学，ゲッティンゲン大学客員教授．京都大学霊長類研究所教授，椙山女学園大学学長など歴任．
現在：日本福祉大学客員教授兼コミュニティ・スクール校長．京都大学名誉教授・椙山女学園大学名誉教授．
主要著作・論文：『人類』（NHKブックス）．『人間性の起源と進化』（NHKブックス）．『猿人』（中央公論社/共著）．『人類の地平線』（小学館）．『霊長類学入門』（岩波書店/編・著）．『進化のなかの人体』（講談社新書）．『人類の起源と進化』（裳華房）．『サルはどこまで人間か〜新しい人間学の試み』（小学館）．『人間はなぜ人間か』（雄山閣）．訳書として『考古学とは何か』（福武書店）．同『人の進化』（TBSブリタニカ）ほか．
現住所：岐阜県可児市長坂4-190．〒509-0257

香原志勢（こうはら　ゆきなり）
昭和3年生まれ．東京大学理学部人類学科卒．
現在：帝塚山学院大学人間文化学部教授．立教大学名誉教授．
主要著作・論文：『人類生物学入門』（中央公論新社）．『人体に秘められた動物』（日本放送出版協会）．『顔の本』（講談社・中央公論新社）．『動作—都市空間の行動学』（講談社）．『顔と表情の人間学』（平凡社）．
現住所：東京都世田谷区成城3-9-3．〒157-0066

楢崎修一郎（ならさき　しゅういちろう）
昭和33年生まれ．オレゴン大学人類学科卒．オックスフォード大学大学院生物人類学専攻修士課程修了．ボルドーI大学大学院理学部人類学科博士課程中退．
現在：（財）群馬県埋蔵文化財調査事業団主任研究員．
主要著作・論文：『人類の起源と進化』（てらぺいあ，1993，共訳）．『人間性の進化を解く』（朝日新聞社，1995，共著）．『人類の起源』（集英社，1997，共著）．『身体発達』（文伸印刷，2000，共著）．「ネアンデルタール人とクロマニヨン人」（霊長類研究，13）．「日本の旧石器時代人骨」（群馬県立自然史博物館研究報告，4）．
現住所：群馬県高崎市双葉町1-1-407．〒370-0843

山口　敏（やまぐち　びん）
昭和6年生まれ．東京大学理学部人類学科卒．
現在：国立科学博物館名誉研究員．
主要著作・論文：『日本人の生いたち』（みすず書房）．
現住所：東京都西東京市富士町6-11-4．〒202-0014

人類学の読みかた

印刷　2001年2月20日
発行　2001年3月5日

編　者　渡辺直経
　　　　香原志勢
　　　　山口　敏

発行者　長坂慶子

発行所　雄山閣出版株式会社
住所　東京都千代田区富士見2-6-9
電話　03(3262)3231番　振替　00130-5-1685番
本文印刷　株式会社開成印刷
カバー印刷　株式会社大竹美術
製本　協栄製本株式会社

乱丁落丁は小社にてお取替えいたします
printed in Japan ©

ISBN4-639-01728-6　C 3040

人類学講座　全13巻＝別巻2

※第1巻　総論　編集責任　渡辺直経／香原志勢／山口敏
人類学の概念／人類学の歴史／最近の人類学／日本の人類学

※第2巻　霊長類　編集責任　伊谷純一郎
現生霊長類の分類と分布／霊長類の遺伝性／霊長類の形態／霊長類の生態／霊長類の伝達機構／ニホンザルの社会構造／チンパンジーの社会構造

※第3巻　進化　編集責任　近藤四郎
ヒト化の概念／ヒト化の過程と要因／ヒトの特性／身性の時流化

※第4巻　古人類　編集責任　埴原和郎
年代学／第三紀霊長類／第四紀洪積世人類

※第5巻　日本人・I　編集責任　小片保
洪積世人骨／縄文人骨／弥生人骨／古墳人骨／中世・近世・現代人骨／特に下肢骨について／日本古人骨にみられる外傷・疾病について

※第6巻　日本人・II　編集責任　池田次郎
現代日本人の地理的変異／現代人骨／生体計測値／歯／軟部諸特徴／皮膚隆線／遺伝的多型

※第7巻　人種　編集責任　寺田和夫
人種とは何か／人種特徴／人種分布／混血と人種／人種的偏見

※第8巻　成長　編集責任　木村邦彦
発育の概念と研究の歴史─緒論／発育研究の方法／発育のノルムとパターン／発育の経過／成熟／体型・体組成の発育／発生・発育期の区分／発育の評価／遺伝と環境／老化

※第9巻　適応　編集責任　香原志勢
人類適応論／霊長類の適応／人類の力学的適応／直立二足歩行への適応／バイオリズムと時間生物学／海女／技術と適応／遊牧民の二つの適応戦略／文化的適応

※第10巻　遺伝　編集責任　松永英／尾本恵市
集団遺伝学の基礎理論／遺伝的距離／移住／遺伝生化学／ガンマグロブリン型／血液型／細胞遺伝学／量的形質

※第11巻　人口　編集責任　小林和正
霊長類の個体群生態学／古人口学／人口と近代文明／遺伝と人口

※第12巻　生態　編集責任　渡辺仁
人間の活動と生態／サルの生態学／道具の生態学／歩行の生態学／食物の生態学／生業の生態学／個体差の生態学／性差・年齢差の生態学／集落の生態学／環境観の生態学／生態系の構造／進化と生態

※第13巻　生活　編集責任　田辺義一
生活人間学序説／生活行動の人類学／生活とエネルギーの再生産／生活行動の発達／生活造形／食生活と栄養／生活の歴史的展望

※別巻1　人体計測法(I II)　編集責任　江藤盛治

※別巻2　人類学用語　編集責任　渡辺直経

各巻3000円～3800円／別巻1＝7573円(税別)　※印既刊
別巻2＝5800円(税別)